现代服务业系列实验教材

# 计算机系统实验教程

赵星秋 佟 强 主编

对外经济贸易大学出版社
中国·北京

图书在版编目（CIP）数据

计算机系统实验教程／赵星秋等主编．—北京：
对外经济贸易大学出版社，2012
现代服务业系列实验教材
ISBN 978-7-5663-0461-2

Ⅰ.①计… Ⅱ.①赵… Ⅲ.①计算机系统－实验－高等学校－教材 Ⅳ.①TP30-33

中国版本图书馆 CIP 数据核字（2012）第 212194 号

ⓒ 2012 年　对外经济贸易大学出版社出版发行

版权所有　翻印必究

## 计算机系统实验教程

赵星秋　佟　强　主编
责任编辑：李晨光　许曙宏

对外经济贸易大学出版社
北京市朝阳区惠新东街 10 号　邮政编码：100029
邮购电话：010-64492338　发行部电话：010-64492342
网址：http://www.uibep.com　E-mail: uibep@126.com

唐山市润丰印务有限公司印装　新华书店北京发行所发行
成品尺寸：185mm×230mm　9 印张　181 千字
2012 年 10 月北京第 1 版　2012 年 10 月第 1 次印刷

ISBN 978-7-5663-0461-2
印数：0 001-3 000 册　定价：23.00 元（含光盘）

**本套教材出版受到以下项目资助：**

北京市级现代服务业人才培养实验教学示范中心

北京市级商务信息管理系列课程优秀教学团队

国家级和北京市级电子商务特色专业

# 现代服务业系列实验教材
# 编委会成员名单

**编委会主任：** 陈进　　对外经济贸易大学

**编委会副主任：**（按姓氏笔画排序）

| | |
|---|---|
| 王学东 | 华中师范大学 |
| 刘　军 | 北京交通大学 |
| 祁　明 | 华南理工大学 |
| 孙宝文 | 中央财经大学 |
| 汤兵勇 | 东华大学 |
| 张　宁 | 北京大学 |
| 宋远方 | 中国人民大学 |
| 李　琪 | 西安交通大学 |
| 杨　鹏 | 华道数据处理有限公司 |
| 张念录 | 中国国际电子商务中心 |
| 陈德人 | 浙江大学 |
| 柴洪峰 | 中国银联股份有限公司 |
| 覃　正 | 上海财经大学 |

**编委会委员：**（按姓氏笔画排序）

| | |
|---|---|
| 刘瑞林 | 对外经济贸易大学 |
| 沈　沉 | 对外经济贸易大学 |
| 赵星秋 | 对外经济贸易大学 |
| 黄健青 | 对外经济贸易大学 |
| 曹淑艳 | 对外经济贸易大学 |

# 总　　序

　　现代服务业是依托于信息技术和现代管理理念而发展起来的知识和技术相对密集的服务业，具有应用信息技术和富于创新发展的主要特点。

　　现代服务业的发达程度是衡量经济、社会现代化水平的重要标志，是全面建设小康社会时期国民经济持续发展的主要增长点。发展现代服务业是实施国民经济可持续发展战略的需要和实现跨越发展的有效途径，也是调整我国经济结构、促进经济社会和人的全面发展、走向知识社会的必要条件。

　　近年来，我国十分重视现代服务业的发展，国家规划纲要明确指出坚持市场化、产业化、社会化方向，拓宽领域、扩大规模、优化结构、增强功能、规范市场，提高服务业的比重和水平。

　　现代服务业的快速发展对人才培养提出了新的要求，需要大量既具有比较扎实的基础理论与知识水平，又具有比较强的动手能力与操作能力，能适应现代化服务业发展需要的素质高、技能强的服务业创新人才。

　　对外经济贸易大学现代服务业实验教学示范中心是北京市批准的教育教学质量建设项目，目前已经形成了实验教学的完整体系，开设了电子金融、电子商务、网络营销、ERP与供应链管理、经营管理中的决策方法、网络实用技术与应用、外贸实训等多门实验课程和实验项目；建立了完整的实验教学资料库；并建立了包括基础实验、核心实验和特色实验的实践教学课程体系；构建了实验课程、科研项目与专业实习有机结合的实践方案和管理系统。

　　现代服务业系列实验教材是对外经济贸易大学在教育部和北京市质量工程建设过程中，经过总结、提炼、完善，形成的一套针对现代服务业人才培养的实验教材。教材主要目的是培养学生综合素质和实践能力，教材的编者都是具有丰富实验教学经验的教师，书中凝聚了教师们的心血和汗水。本系列教材面向现代服务业的管理和应用人才，以实践能力和技术应用能力为培养目标。

　　我们希望现代服务业系列实验教材在人才培养实验教学改革和教学实践过程中起到积极作用。

　　本套教材在编写的过程中广泛吸纳了众多师生的宝贵意见，同时也得到了对外经济贸易大学出版社的领导和编辑们的大力支持，对他们表示衷心的感谢。

《现代服务业系列实验教材》编委会
2012年1月

# 前　言

　　本实验教材是专门为文科背景，特别是财经类院校开设计算机系统课程的实践教学编写的。计算机系统是讲授计算机组成原理和工作过程的基础课程，是学习计算机软硬件的必修课。在计算机应用如此广泛的今天，深入理解计算机原理无疑应该成为计算机相关专业本科生必备的知识。

　　计算机学科是一门应用型实践学科，这类课程的学习离不开教学实验，单靠理论讲授不仅很难引起学生兴趣，而且了解其内部工作原理也十分困难。作为文科院校，实验教学发展历史短，缺少理工院校的实验条件和环境，加之，需要类似实验环境的课程较少，如果建立相应的实验室不仅投资大，利用率也不高。在这种背景下，文科院校学生学习计算机系统非常困难，很多院校逐渐取消类似课程的学习，或者简化内容，严重影响了课程体系的完整性，因此，在文科类院校建立计算机教学实验环境就是迫切需要解决的问题之一。

　　为了提高学生实际应用能力，教育部在《关于进一步加强高等学校本科教学工作的若干意见》中提出了"大力加强实践教学，切实提高大学生的实践能力。"为落实上述精神，我校几代计算机系统教师经过长期探索，引入以 EDA 仿真代替实物实验的教学方法，不仅为学生提供了学习计算机组成的实验环境，而且投入少，实验灵活。在多年的教学实践探索中开发了一系列计算机系统模块和实验教学内容，我们把它编写成书，供大家学习计算机系统时参考。本教材涉及的实验都是本校教师多年实践的成果，设计中并没有采用硬件描述语言如 VeriLog 来编写，主要是为了给学生建立更加直观的概念。

　　本教材的主要内容包括：
　　（1）数字逻辑电路设计与 EDA 仿真软件 Quartus 的使用；
　　（2）运算器 ALU 原理设计；
　　（3）存储器设计与仿真；
　　（4）特殊寄存器及计算机辅助部件原理实验；
　　（5）指令与汇编语言程序设计；
　　（6）微程序操作控制器设计；
　　（7）操作系统和软件运行的测量。

使用本教材进行仿真实验需要安装 Altera 公司的 Quartus II 软件,该软件可以在 Altera 公司网站申请,公司为教育机构提供免费软件使用权限。Quartus II 软件是电子硬件设计流行的 EDA 软件,可以把逻辑表达式用逻辑器件实现,再编译到 FPGA 中。软件可以对逻辑设计结果进行功能仿真和时序仿真,检查逻辑设计是否正确,软件也提供了功耗分析等实际器件生成的重要参数进行检查,这些对专门从事电子设计专业的学生非常重要,对仅仅理解计算机系统组成的专业来说就没有必要了,本教材的重点是逻辑功能仿真。

本教材中的设计电路图均来自 Quartus II 软件截图,虽然书中文字没有下标,但由于图片来自真实的软件截图,所以文中下标数字在图中均为正常文字。

本教材是"计算机系统实践教程"配套实验教材,教材中带有*号部分供感兴趣的学生参考,整个课程教学时数为 48 课时,实验部分 16 学时,教学内容包括计算机基础理论和技术、运算器、存储器系统、计算机指令系统、计算机汇编语言程序设计、计算机控制器原理、计算机外设(中断和 DMA)、操作系统(Linux)、软件运行的测量等。考虑到文科院校计算机相关专业教学时数所限,本课程整合了计算机专业几门课程的内容在一起,目的是给学生对计算机知识体系有一个比较完整的概念,这对教师和学生都是一个考验。

本教材的光盘除了提供教材案例中的设计、实验外,还包括一些实用器件设计,供有兴趣的学生参考。

本教程在课程体系形成和编写过程中得到了姜咏江老师的大力支持,信息学院许多老师提出了宝贵的意见,学生高琢、陈虹洁、俞蒙蒙等测试了大量实验案例,在此表示深切的谢意。

# 目　录

**实验1　逻辑设计与 EDA 仿真软件的使用** ································································ 1
　1.1　实验目的 ································································································· 1
　1.2　实验内容 ································································································· 1
　1.3　实验步骤 ································································································· 2
　　　1.3.1　启动 Quartus II 9.0 ············································································ 2
　　　1.3.2　建立项目 ······················································································· 3
　　　1.3.3　建立设计文件 ················································································· 7
　　　1.3.4　编译 ···························································································· 11
　　　1.3.5　封装为模块 ···················································································· 13
　　　1.3.6　进行功能仿真 ················································································· 14
　　　1.3.7　实验结论 ······················································································· 22
　1.4　译码器设计 ······························································································ 22

**实验2　运算器 ALU 实验** ···················································································· 25
　2.1　加法器设计 ······························································································ 25
　　　2.1.1　实验题目 ······················································································· 25
　　　2.1.2　实验内容 ······················································································· 25
　　　2.1.3　实验目的与要求 ·············································································· 25
　　　2.1.4　实验步骤 ······················································································· 26
　　　2.1.5　1 位全加器 FA 设计 ········································································· 26
　　　2.1.6　4 位加法器设计 ·············································································· 29
　　　2.1.7　4 位加/减法器设计 ·········································································· 31
　2.2　ALU 单元设计 ························································································· 33
　　　2.2.1　4 位"与"、"或"、"非"单元 ····························································· 33
　　　2.2.2　三态门 ·························································································· 35
　　　2.2.3　三态门应用 ···················································································· 35
　　　2.2.4　多运算部件相连 ·············································································· 38

####   2.2.5  4位ALU功能仿真 …… 38
####   2.2.6  实验结论 …… 40
###  2.3  *快速运算器设计（选学） …… 41
####   2.3.1  1位快速ADD …… 41
####   2.3.2  快速4位加法器——先行进位 …… 42

## 实验3  存储器实验 …… 49
### 3.1  寄存器设计实验 …… 49
####   3.1.1  实验题目 …… 49
####   3.1.2  实验内容 …… 49
####   3.1.3  实验目的与要求 …… 49
####   3.1.4  实验步骤 …… 50
### 3.2  寄存器组设计实验 …… 52
####   3.2.1  实验题目 …… 52
####   3.2.2  实验内容 …… 52
####   3.2.3  实验目的与要求 …… 52
####   3.2.4  实验步骤 …… 53
####   3.2.5  实验结论 …… 56
### 3.3  大容量存储器设计实验 …… 56
####   3.3.1  实验题目 …… 56
####   3.3.2  实验内容 …… 56
####   3.3.3  实验目的与要求 …… 56
####   3.3.4  实验步骤 …… 56

## 实验4  特殊寄存器单元实验
##           ——通用寄存器（累加器）、计数器 …… 63
### 4.1  实验题目 …… 63
### 4.2  移位寄存器设计实验 …… 63
####   4.2.1  实验题目 …… 63
####   4.2.2  实验目的与要求 …… 63
####   4.2.3  实验步骤 …… 64
####   4.2.4  仿真实验 …… 65
### 4.3  累加器设计实验 …… 66

|       | 4.3.1 实验内容 ································································ 66 |
|---|---|

- 4.3.1 实验内容 ································································ 66
- 4.3.2 实验目的与要求 ······················································ 66
- 4.3.3 实验步骤 ································································ 66
- 4.3.4 累加器仿真 ····························································· 67
- 4.4 计数器实验 ············································································ 69
  - 4.4.1 实验题目 ································································ 69
  - 4.4.2 实验目的与要求 ······················································ 69
  - 4.4.3 实验步骤 ································································ 69
  - 4.4.4 实验结论 ································································ 70
  - 4.4.5 *调用 Quartus 计数器 ··············································· 71
- 4.5 用于微程序控制器的节拍发生器——地址发生器 ······················ 74

## 实验 5 指令系统实验
## ——汇编语言上机实验和 Debug 命令使用 ······················ 77

- 5.1 实验目的 ················································································ 77
- 5.2 实验内容 ················································································ 77
- 5.3 实验步骤 ················································································ 77
  - 5.3.1 Debug 的使用 ·························································· 77
  - 5.3.2 Debug 实例 ····························································· 84
- 5.4 汇编集成开发环境 RadASM ····················································· 85

## 实验 6 微程序操作控制器设计 ········································ 95

- 6.1 实验题目 ················································································ 95
- 6.2 实验内容 ················································································ 95
- 6.3 实验目的与要求 ······································································ 96
- 6.4 实验步骤 ················································································ 96
  - 6.4.1 指令节拍分析 ·························································· 96
  - 6.4.2 条件转移指令的实现 ················································ 102
  - 6.4.3 设计操作控制器 OC ················································· 103
  - 6.4.4 初始化文件生成 ······················································ 104

## 实验 7 操作系统和软件测量 ········································· 109

- 7.1 实验题目 ················································································ 109

7.2 实验目的与要求 ......... 109
7.3 实验步骤 ......... 110
    7.3.1 任务管理器 ......... 110
    7.3.2 Linux 操作系统 ......... 114
    7.3.3 程序执行时间测量 ......... 128

**参考文献** ......... 130

# 实验 1

## 逻辑设计与 EDA 仿真软件的使用

### 1.1 实验目的

逻辑电路是计算机功能实现的基本物理组成单元之一,通过简单的逻辑电路设计和仿真,可以帮助学生理解逻辑表达式是如何通过电路来实现的。

本实验的目的是帮助学生熟悉 Quartus II 9.0 的工作环境,理解逻辑电路的组成和工作原理。要求学生能够运用 Quartus II 9.0 设计逻辑电路,并通过功能仿真对其进行验证。

### 1.2 实验内容

(1) 熟悉 EDA 设计软件 Quartus II 9.0,掌握原理图输入方法;

(2) 根据 1 位数加法逻辑表达式 $S = \overline{A}B + A\overline{B}$, $C = AB$,使用 EDA 设计软件 Quartus II 9.0 绘制出如图 1-1 所示的逻辑电路并验证。

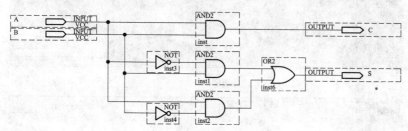

图 1-1  一位加法器逻辑电路图

(3) 设计 2 输入译码器。

## 1.3 实验步骤

本实验主要步骤包括熟悉 EDA 软件 Quartus II 的用户界面、功能和操作使用方法。

### 1.3.1 启动 Quartus II 9.0

安装 Quartus II 软件后，在"开始"菜单中的程序中添加了 Altera 程序，桌面上也会生成快捷方式。使用时，在系统桌面上打开 Quartus II 9.0 的快捷方式图标，也可以选择"开始"菜单的"所有程序"选择，如图 1-2 所示。

Quartus II 9.0 启动成功后出现如图 1-3 所示界面，如果出现图 1-4 所示的界面，则说明软件许可证不可用，如果有指定的许可证文件，在该窗口选择"specify valid license file"，单击"OK"按钮，进入启动窗口。

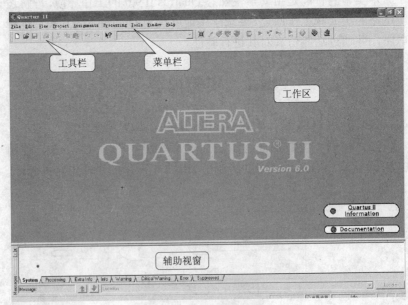

图 1-2 启动 EDA 软件 Quartus II

图 1-3 启动 Quartus II

实验1 逻辑设计与 EDA 仿真软件的使用　　3

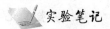实验笔记

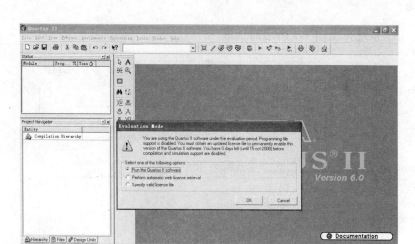

图 1-4　无使用许可证 license

Quartus II 9.0 界面主要由菜单栏、工具栏、工作区和多种辅助视窗构成。

菜单栏包括：File（文件），Edit（编辑），View（查看），Project（项目），Assignments（分配），Processing（处理），Tools（工具），Window（窗口）和 Help（帮助）。如图 1-5 所示。其他面板和工具栏在后面使用中逐步介绍。

图 1-5　Quartus II 菜单栏

File 菜单是文件管理，包括新建、打开、关闭文件和项目。

### 1.3.2　建立项目

在使用 Quartus II 9.0 进行电路设计之前必须先建立项目（project），项目是设计工作的统一管理文件。建立项目的方法是选择文件 File 菜单中的命令 New Project Wizard，如图 1-6 所示。

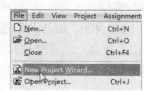

图 1-6　建立 project

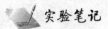 系统弹出图 1-7 所示对话框。

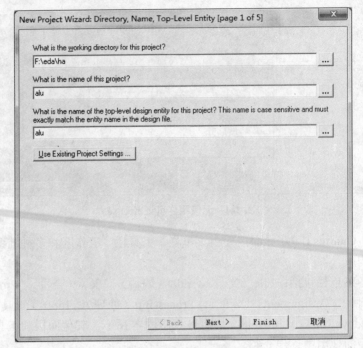

图 1-7　新建项目对话框

在第一栏中输入项目所在的路径（在此选择 F 盘上的一个计算机设计文件夹，如 F:\eda\ha），第二栏中输入所建项目的名称（在此输入 alu），同时系统自动在第三栏中输入项目顶层文件的名称 alu。以上工作完成后单击"Next"按钮，如果输入的文件夹并不存在，系统会提示是否建立，选择"是"之后，即可建立相应文件夹。进入建立项目的第 2 页，第 2 页可以添加该项目所用到的文件，如图 1-8 所示，以备添加已有文件之需。在此直接单击"Next"按钮即可。

接着，系统弹出如图 1-9 所示的选择目标器件及参数对话框，目标器件的参数包括器件封装型号（FPGA，PQFP，TQFP，ANY）、引脚数（144，240，256，324，400，ANY）和速度级别（6，7，8，最快级，ANY）。此处，作为仿真，选择软件默认的设置"Cyclone"，器件封装等参数为任意即可。

实验1 逻辑设计与EDA仿真软件的使用　5

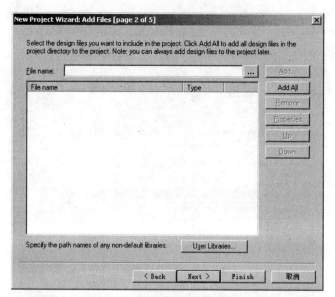

图1-8　添加项目文件对话框

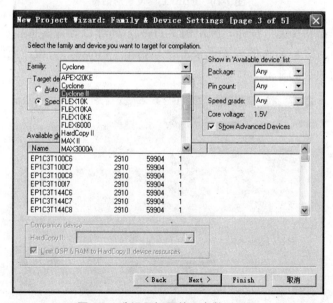

图1-9　选择目标器件及参数对话框

单击"Next"按钮之后系统弹出EDA工具设置对话框，按照图1-10所示窗口中的参数进行选择。

实验笔记

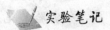

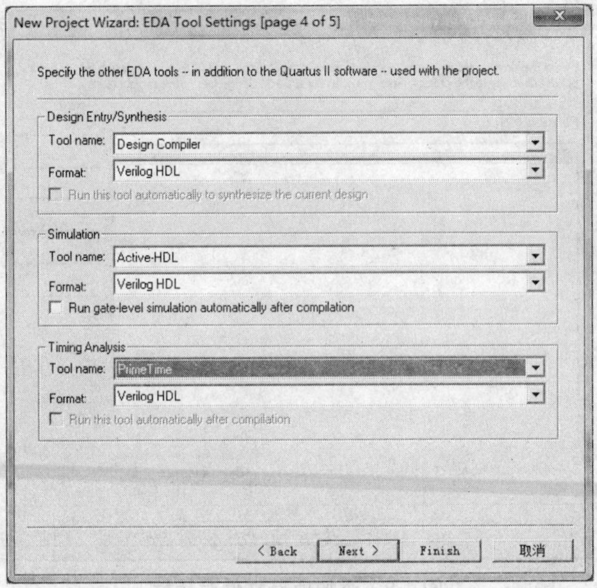


图 1-10　EDA 工具设置对话框

单击“Next”按钮，弹出图 1-11 所示的项目设置信息显示窗口，该窗口对之前所作的设置作了汇总。单击“Finish”按钮，至此完成了当前项目的建立。

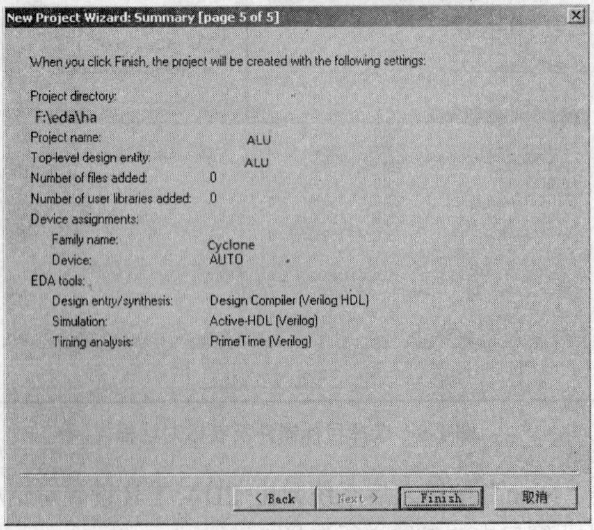


图 1-11　项目设置信息

### 1.3.3 建立设计文件

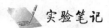 实验笔记

建立项目后，从菜单栏中选择文件菜单 File 中的命令 New，在所弹出对话框（见图 1-12）中选择逻辑电路设计 Block Diagram/Schematic File，然后单击"OK"按钮。如果是用硬件描述语言，可以选择 Verilog HDLFile 或 VHDL File。逻辑电路比较直观，适合初学者，而硬件描述语言是在具备一定电路知识和经验后使用的高级设计工具，采用硬件计算机语言。

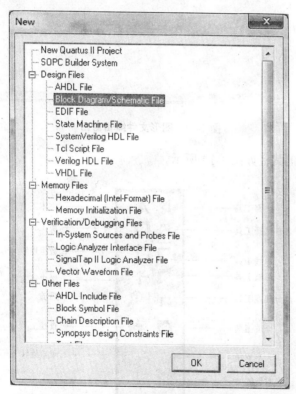

图 1-12 建立原理图文件对话框

单击"OK"按钮后系统出现图 1-13 所示的原理图设计界面，接下来就可以进行电路设计了。

窗口中间的工作区域是空白的，文件名称默认为 Block1.bdf，窗口左侧会自动打开绘图工具栏。根据逻辑表达式 $S = \overline{A}B + A\overline{B}$，

**实验笔记** $C=AB$，在工作区域内采用如下操作绘制逻辑电路图。

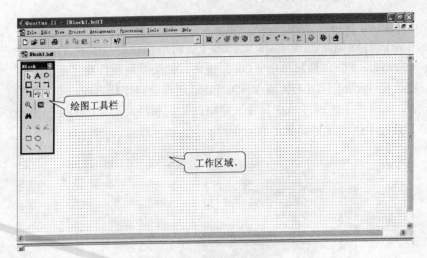

图 1-13  图形文件编辑窗口

绘图工具栏如图 1-14 所示。

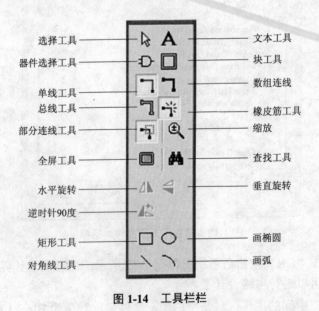

图 1-14  工具栏栏

绘图工具包括选择工具 ，用来点选图中对象；器件选择工具 ，

## 实验1 逻辑设计与EDA仿真软件的使用

用来打开器件库，插入各种器件；单线工具┐用来画直线和直角线；总线工具┐用来画总线；部分连线工具┐用来选择一段线；橡皮筋工具┐用来拉伸线段；文本工具**A**用来输入文字说明。

要输入电路元件，在绘图工具栏内选择器件按钮，弹出 Symbol 对话框，该对话框的核心是 Libraries，如图 1-15 所示。

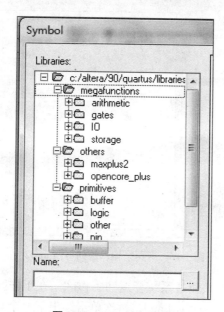

图 1-15  Libraries 目录

在 Libraries 栏中，初始有三个目录，分别是 megafunctions，others，primitives。megafunction 是多功能宏器件，相当于大规模集成电路，包括算术运算器 arithmetic、各类门集成门电路 gates、输入输出接口 IO、存储器 storage。primitives 是简单器件，基本上是小规模集成电路器件，包括缓存器 buffer、逻辑器件 logic、引脚等。logic 目录中包括基本逻辑元件，如或门、与门、非门、异或门等；buffer 目录中包括各种缓冲器、三态门等；storage 目录中包括各种触发器；pin 目录中包括各种引脚，如输入 input，输出 output，双向引脚 bidir。选择 primitives 目录下的 logic 目录。其他器件可以从 Libraries 中的其他目录中查找，而自建器件库存放在 Libraries 中的 project 目录。此时没有，因为我们没有建立。

> **实验笔记** 根据半加器逻辑表达式，我们需要 2 输入端与门、2 输入端或门和反相器。在 logic 器件库中选择有两个输入端的与门 and2 后，对话框右侧会显示元件预览，如图 1-16 所示，勾选 Repeat-insert mode ☑ Repeat-insert mode，因为需要输入 3 个与门。

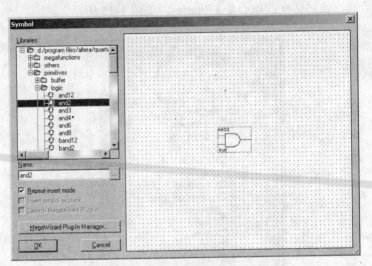

图 1-16  有两个输入端的与门 and2

单击"OK"按钮后系统会返回工作区。在工作区适当位置单击左键即可绘制出一个与门 and，再次单击绘出下一个与门，然后，按 Esc 键或单击鼠标右键取消继续输入状态。照此方法在 logic 目录中找到或门 or 和反相器 not，以及在 pin 下的输入输出引脚 Input 和 Output，分别放到工作区中的适当位置，如图 1-17 所示。

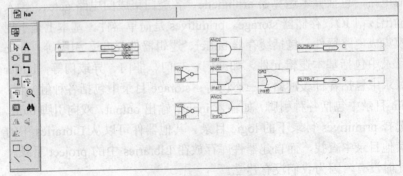

图 1-17  半加器元件布局

在工具栏 和 都凹陷时表示可以使用该功能，按住鼠标拖动，可以直接在元件间连线。从一个元件的端点按住鼠标，拖到另一个元件的端点松开，就可以作出一条连线。两条连线对接时，接线处会自动出现实点，这表示这两条连线的导线连通。交叉的两线通过时一般不会出现实点，如果连通，可先对接，出现实点后接着画其余的线。

将放入工作区这些元件按照逻辑关系用连线工具连接到一起。原理图设计的习惯一般情况下输入引脚要放在电路图的最左侧，输出引脚放在电路图的最右侧，信息流向从左到右，从上到下。用鼠标双击放好的元件，就可对其重新命名。将两个输入引脚分别命名为 A、B，输出引脚命名为 S、C。完成后的电路如图 1-18 所示。

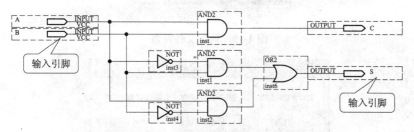

图 1-18 完成的半加器逻辑电路图

完成原理图的设计后要将其保存。方法是选择文件菜单 File 中的 Save 命令，弹出保存文件对话框，输入文件名 ha.bdf，然后单击"保存"按钮。此文件需为顶层文件，不然不能进行编译，如果不是顶层文件，可以通过 project 菜单设置，选择菜单中的 Set as Top-Level Entity，如图 1-19 所示。

### 1.3.4 编译

通过对文件的编译，可以初步检查电路设计正确与否。

编译是通过选择 Processing 菜单中的 Compiler Tool 命令来启动编译窗口，单击窗口左下角的"Start"按钮，系统开始进行编译工作，如果出现 Start 按钮为灰色而不能启动的情况，如图 1-20 所示，可能是没有建立项目 project，或文件路径存在问题，整个路径不能有汉字。

 实验笔记

图 1-19 顶层文件设置

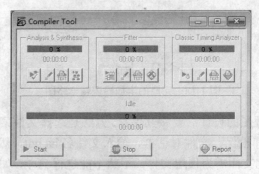

图 1-20 被编译文件设置不当

也可以直接单击工具栏的"编译"按钮开始编译，如图 1-21 所示。启动编译后，系统开始显示编译进程，如图 1-22 所示。

图 1-21 "编译"按钮

若编译成功，系统会提示"Full Compilation was successful"。如果出现"error"，那就需要查找问题原因。对于"warning"，可以不去考虑。

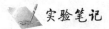

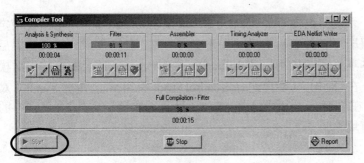

图 1-22 编译窗口

如果提示"License error"或"过期",请在"Tool"菜单中打开"License setup"进行设置。

如果提示 top-level entity 问题,请设置当前文件为顶层文件,方法是打开"Project"菜单,选择"Set as Top-Level Entity"即可。

### 1.3.5 封装为模块

编译通过后,将设计完成的半加器 ha.bdf 封装为电路模块,方法是选择文件菜单"File"中的"Create/Update"下的"Create Symbol Files for Current File"。

图 1-23 启动模块封装

## 14　计算机系统实验教程

**实验笔记**

系统弹出提示"Created Block Symbol File ha",单击"确定"按钮即可。封装后的模块图形如图 1-24 右侧所示。封装完毕后,在本项目范围内可以从 Libraries 栏的 project 目录中直接引用模块 ha。在绘图工具栏内选择 Symbol Tool 按钮,弹出 Symbol 对话框,在 Libraries 栏中选择 project 目录下的顶层文件 ha 目录中的元件模块。

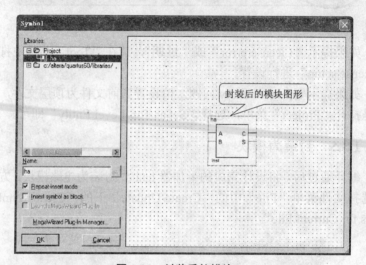

图 1-24　封装后的模块 ha

### 1.3.6　进行功能仿真

编译通过后,就可以进行功能仿真,功能仿真可以检验所设计项目电路的逻辑功能,在进行功能仿真之前要建立波形文件,它是该电路的输入信号。

选择文件菜单 File 中的 New 命令,在所弹出的 New 对话框中,选择"Vector Waveform File",如图 1-25 所示。

单击"OK"按钮,出现如图 1-26 所示的波形文件编辑窗口,包括节点名区域和节点波形区域。

实验1 逻辑设计与 EDA 仿真软件的使用 15

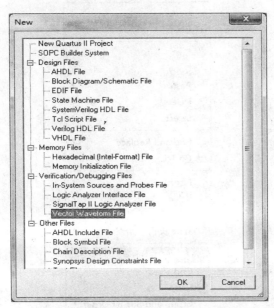

图 1-25 启动波形仿真文件

图 1-26 波形文件编辑窗口

设置仿真结束时间。打开编辑菜单 Edit 的 End Time 命令（见图 1-27），出现图 1-28 所示的结束时间设置对话框，输入时间 100，单位 ns，单击"OK"按钮。仿真结束时间是根据需要确定，这里输入波形只有几个时钟，不需要很长的仿真时间。

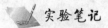 实验笔记

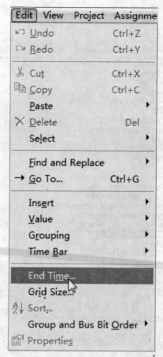

图 1-27 打开仿真结束时间设置

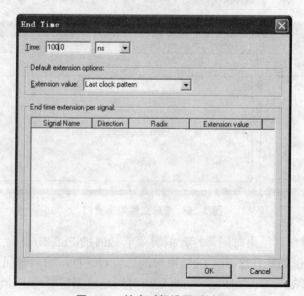

图 1-28 结束时间设置对话框

设定仿真结束时间后，双击波形文件编辑窗口的左侧节点名区域，弹出图 1-29 所示对话框。 实验笔记

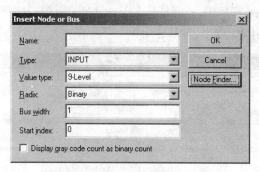

图 1-29　Insert Node or Bus 对话框

单击节点发现按钮"Node Finder"，弹出图 1-30 所示仿真节点设置 Node Finder 对话框。

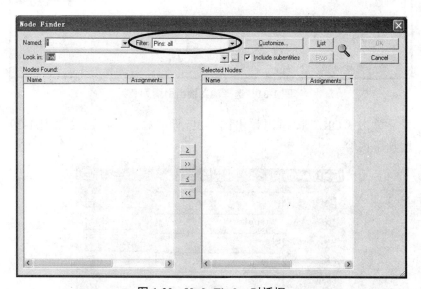

图 1-30　Node Finder 对话框

在 Filter 栏的下拉列表框中选择"Pins:all"，发现所有引脚；在 Named 组合文本框中选择*，Look in 组合文本框中的内容是当前的仿真电路文件，如果不是你要仿真的文件，可以单击"　　"进行选择。准备就绪后，单击列表 List 按钮　　。在 Nodes Found 窗口

**实验笔记** 中列出了顶层文件中含有的所有输入输出引脚。单击 >> ,将全部引脚添加到右侧的 Selected Nodes 窗口中,而 > 是将选中的引脚加入到 Selected Nodes 窗口中, < 是从 Selected Nodes 窗口中移除引脚, << 是全部移除引脚,如图 1-31 所示。

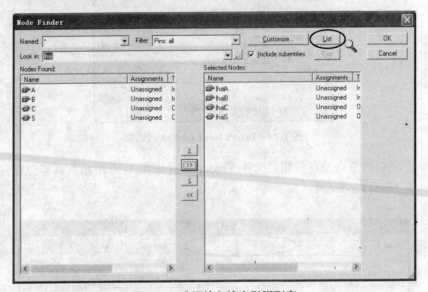

图 1-31 选择输入输出引脚列表

单击"OK"按钮,弹出图 1-32 所示对话框,已经比图 1-29 增加了内容。

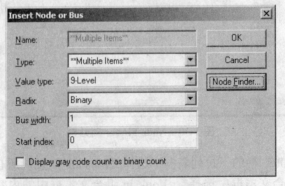

图 1-32 已完成的 Insert Node or Bus 对话框

单击"OK"按钮,弹出已添加信号后的波形文件编辑窗口。其中 A、B 是输入引脚，默认为低电位。低电位用 0 记，高电位用 1 记。输出引脚 C、S 的值尚未确定，如图 1-33 波形图所示。

实验笔记

图 1-33 波形图

下面介绍波形编辑工具箱，如图 1-34 所示。

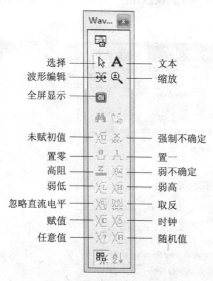

图 1-34 波形编辑工具箱

选中引脚 B，然后选择波形编辑工具箱中的 Forcing High (1) 按钮，将 B 的值设为 1。A 的值不作改变，仍为 0。A、B 赋值后波形如图 1-35 所示。

选择菜单栏中的 "File" 下的 "Save"，弹出保存文件对话框，输

>>> 实验笔记

入波形文件名 ha.vwf，然后选择"保存"按钮即可。

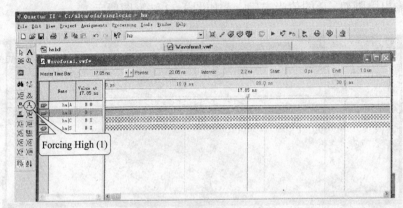

图 1-35 波形文件编辑窗口

关闭波形文件编辑窗口，进行功能仿真。

选择菜单栏中的"Processing"下的"Simulator Tool"，弹出图 1-36 所示仿真窗口。

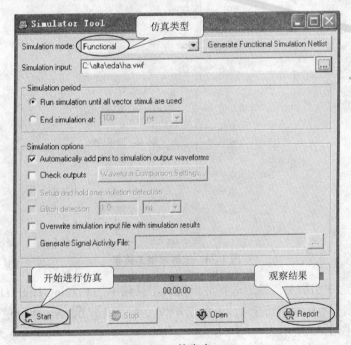

图 1-36 仿真窗口

其中 Simulation mode 选择 Functional，即功能仿真。在 Simulation input 下拉列表框中选择波形文件 ha.vwf 所在的路径，注意：系统默认是 C 盘，请选择要仿真波形文件的路径。然后选择"Generate Functional Simulation Netlist"按钮，在系统提示"Functional Simulation Netlist Generation was successful"后单击"确定"按钮。最后单击窗口左下角的"Start"按钮就可以进行功能仿真了。若仿真成功，系统会提示"Simulator was successful"，如图 1-37 所示。

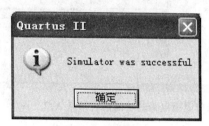

图 1-37 仿真成功

选择窗口右下角的"Open"按钮可以打开波形文件 HA.vwf。如要观察仿真结果，则选择"Report"按钮，结果如图 1-38 所示。

输入 A、B 的值，当输入 A=0（低），B=1（高）时，输出 C=0（低），S=1（高），如图 1-38 所示；当输入 A=1（高），B=1（高）时，C=1（高），S=0（低），如图 1-39 所示；也可以验证其他输入值。

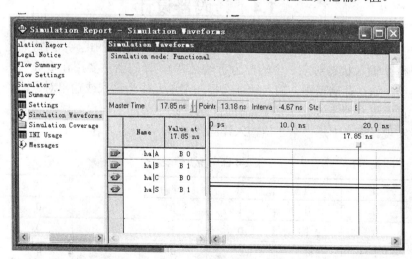

图 1-38 简单逻辑电路的功能仿真结果 A=0，B=1，C=0，S=1

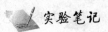

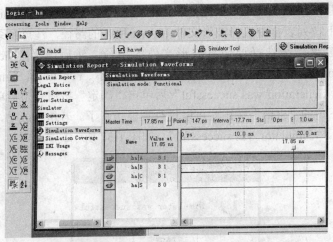

图 1-39 简单逻辑电路的功能仿真结果 A=1，B=1，C=1，S=0

### 1.3.7 实验结论

从仿真结果中可以看出，当 $A=1$，$B=1$ 时，根据逻辑表达式 $S = \overline{A}B + A\overline{B} = 0$，$C = AB = 1$；当 $A=0$，$B=1$ 且 $C=0$ 时，$S=1$。由此可以证明本逻辑电路的设计是正确的。

## 1.4 译码器设计

译码器是把输入二进制数转换成相应控制输出的电路，其特点是每个输入状态对应一个输出为有效（高）。译码器主要用在多选一系统，如在存储器中，输入地址选择一个单元作为输入或输出对象。当计算机总线上连接了多个部件时，选择某个部件工作也要用译码器来实现。表 1-1 是一个 2 位输入译码器（2-4 译码器）真值表。

表 1-1　　　　　　　　2-4 译码器真值表

| $A$ | $B$ | $Y_0$ | $Y_1$ | $Y_2$ | $Y_3$ |
|---|---|---|---|---|---|
| 0 | 0 | 1 | 0 | 0 | 0 |
| 0 | 1 | 0 | 1 | 0 | 0 |
| 1 | 0 | 0 | 0 | 1 | 0 |
| 1 | 1 | 0 | 0 | 0 | 1 |

按照由最小项求逻辑表达式方法，得出 $Y_0=\overline{AB}$，$Y_1=\overline{A}B$，$Y_2=A\overline{B}$，$Y_3=AB$。在 Quartus II 中新建 DECODER2-4 文件，输入非门电路（反向器）2 个，用于产生 $\overline{AB}$；2 输入与门电路 4 个，用于产生 $Y_0$，$Y_1$，$Y_2$，$Y_3$；输入引脚 2 个（A，B），输出引脚 4 个（$Y_0$，$Y_1$，$Y_2$，$Y_3$），按逻辑表达式连接各引脚，设计出译码器电路如图 1-40 所示。

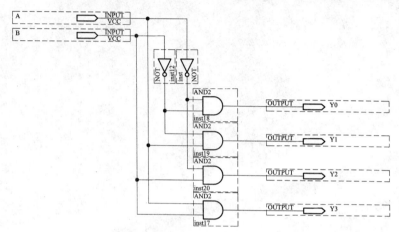

图 1-40　2 输入译码器

对译码器 DECODER2-4 进行编译，编译通过后进行仿真，验证输入 A、B 取不同值时的输出取值是否正确（仿真过程从略）。设计验证正确后，封装为元件，如图 1-41 所示。

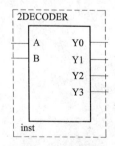

图 1-41　译码器单元

**作业**：用 Quartus 软件设计一个 3-8 译码器，即输入 3 线，输出 8 线，并作波形仿真验证。

# 实验 2

## 运算器 ALU 实验

实验笔记

众所周知，CPU 是由运算器、控制器、存储器、输入电路和输出电路五部分组成。运算器 ALU 是 CPU 的主要部件，也是数据处理的中心。早期的 CPU 运算器 ALU 可以实现算术加减运算和逻辑"与"、"或"、"非"运算，乘除运算是通过加减运算来实现的。因此，本实验设计 8 位 ALU，为完成 8 位 ALU，我们从 1 位全加器设计开始，经 1 位加减法器、4 位加减法器、4 位算术逻辑运算器 ALU，到 8 位 ALU。

## 2.1 加法器设计

加法器是构成其他算术运算器的基础，依据运算速度的不同要求，加法器有串行进位加法器（行波加法器）和先行进位加法器。本节实验主要设计比较直观的串行进位加法器。

### 2.1.1 实验题目

加法器设计。

### 2.1.2 实验内容

1 位全加器设计与仿真，4 位串行进位加法器设计与仿真。

### 2.1.3 实验目的与要求

通过 1 位加法器的设计使学生逐步掌握从逻辑表达式到电路实

> **实验笔记**
>
> 现的过程，进一步掌握使用 Quartus II 通过仿真来验证电路设计的方法。通过 4 位串行进位加法器的设计，使学生掌握如何自建元件库，以及用 1 位单元模块组装多位加法器的过程和设计结果的仿真验证。

### 2.1.4 实验步骤

首先设计 1 位全加器，并仿真验证，测试无误后，进行封装，创建 1 位全加器元件；然后，使用新建的 1 位全加器元件设计 4 位加法器，并进行仿真测试。具体步骤如下：设置本实验的项目所在路径，命名项目的名称为 ALU，文件名分别为 fa、4add。如在文件夹 G:\eda\ALU 下新建项目 ALU。

### 2.1.5 1 位全加器 FA 设计

1 位全加器是指可以实现两个 1 位二进制数和低位进位 3 数相加的加法运算逻辑电路。它依据的逻辑表达式是：进位 $C_i=A_iB_i+A_iC_{i-1}+B_iC_{i-1}$ 和 $S_i=A_i\oplus B_i\oplus C_{i-1}$。其中 $A_i$ 和 $B_i$ 是两个 1 位二进制数，$C_i$ 代表本运算产生的进位（向高位的进位），$C_{i-1}$（图中有时用 D 表示）代表低位来的进位，$S_i$ 代表本位和。

依据上述逻辑表达式，设计实现 1 位全加的电路图。

首先，新建原理图文件 FA.bdf。在工作区中，根据逻辑表达式，输入有 3 项，输出有 2 项。设计中需要用到异或门 xor，它位于 logic 子目录中，如图 2-1 所示。logic 目录中只列出有两个输入端的异或门，

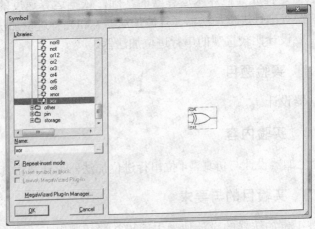

图 2-1 两输入端的异或门

所以三个输入端的异或要用两个输入端异或门实现,就是先做其中两个输入的异或,再将输出的结果与第三个输入端作异或,这是基于布尔代数的结合律。

连接完成后的 1 位全加器 FA 如图 2-2 所示。

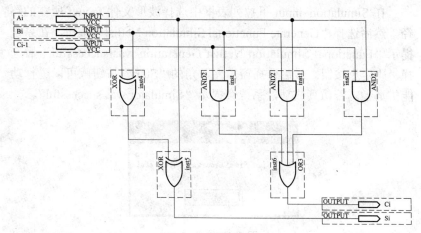

图 2-2  完成后的 FA

对完成的 FA.bdf 进行编译,设置 fa 文件为顶层文件,打开"Project"菜单,选择"Set As Top-Level Entity"把当前文件设置为顶层文件。然后开始编译,对于编译中出现的 warning,一般可以不去考虑。编译成功后,系统会提示"Full Compilation was Successful"。

编译通过后,通过建立输入波形文件进行仿真,新建波形图文件,方法同前。这里进一步介绍如何输入多数据波形图。

在将引脚添加到节点名区域时,为了使生成文件易读,最好把输入引脚放在上面,输出引脚放在下面。最后把引脚的波形画在对话框中,如图 2-3 所示。存储波形文件为 fa.vwf。

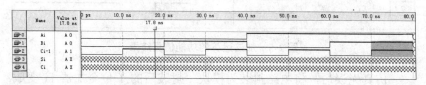

图 2-3  全加器仿真输入波形 fa.vwf

这里为了一次仿真多个输入数据,输入按时钟改变,把真值表的

 所有状态画在图中，画法是通过鼠标选定输入值波形区间，该区域会变成淡蓝色，然后，从波形工具箱选择输入值。

建好仿真输入波形文件后，选择菜单栏中的"Processing"下的"Simulator Tool"，弹出图 1-37 所示仿真窗口。

在 Simulation input 下拉列表框中选择波形文件 fa.vwf 所在的路径，然后选择"Generate Functional Simulation Netlist"按钮，在系统提示"Functional Simulation Netlist Generation was successful"后选择"确定"按钮。最后选择窗口左下角的"Start"按钮就可以进行功能仿真了。若仿真成功，系统会提示"Simulator was successful"。

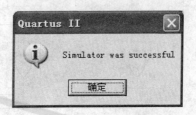

图 2-4 仿真成功

选择窗口右下角的 Report 按钮，如图 1-36 所示。

加法运算仿真结果如图 2-5 所示。从图中可以看到，当 $A=B=C_{i-1}=1$ 时，输出 $S=1$，$C_i=1$；当 $A=B=0$，$C_{i-1}=1$ 时，$S=1$，$C_i=0$；$A=B=1$，$C_{i-1}=0$ 时，$S=0$，$C_i=1$。满足真值表的要求，结果是正确的。

图 2-5 加法运算的功能仿真结果

仿真无误后，将电路封装为模块。封装后的 1 位全加器 fa 变成了一个元件保存在器件库中的 Project 下，如图 2-6 所示。

实验 2  运算器 ALU 实验  29

> 实验笔记

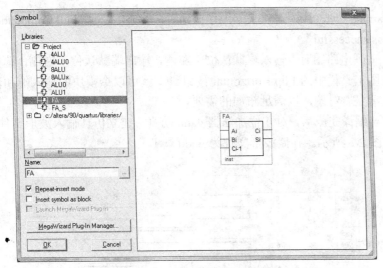

图 2-6  封装后的 1 位全加器

### 2.1.6  4 位加法器设计

首先，建立文件 4add.bdf。然后，利用前面设计的 1 位全加器 FA 来设计 4 位加法器 4add。4 位加法器是由 1 位全加器 FA 组成，低位的进位输出 $C_i$ 作为高位 $C_{i-1}$ 输入，在 4 位加法器中，最低位进位输入 $C_{i-1}$ 为 0，电路见图 2-7。

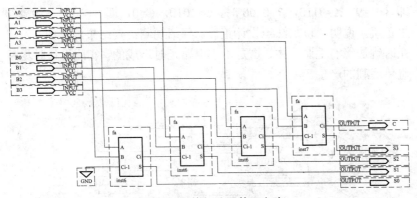

图 2-7  4 位加法器单元电路

对 4add 进行编译，注意设置当前文件为顶层文件，如果出现 error，那就需要查找问题原因进行修正，直到无错误为止，对于警告

> **实验笔记** warning 一般可以不去考虑。编译成功后,系统会提示"Full Compilation was successful"。

画电路图时,输入端默认位于左侧,输出端默认位于右侧,选择绘图工具栏中的 Flip Horizontal 按钮▲,就可以令模块的输入端和输出端左右对调,以满足布局的需要。

编译完成后,对 4 位加法器 4add 仿真。建立仿真输入波形文件,如图 2-8 所示。存储波形文件为 4add.vwf。

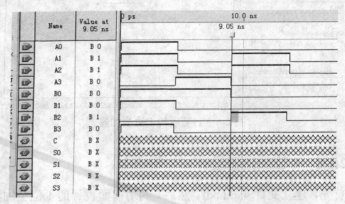

图 2-8  4 位加法器仿真输入波形 4add.vwf

从仿真结果图 2-9 中可以看到,当 $A$=0111,$B$=1011 时,输出 $S$=0010,$C$=1,即 7+11=18;当 $A$=1000,$B$=0001 时,$S$=1001,$C$=0,即 8+1=9;$A$=0110,$B$=0100 时,$S$=1010,$C$=0,即 6+4=10。运算结果正确,说明 4 位加法器设计正确。仔细观测仿真结果波形图,发现在时钟边缘有毛刺产生,这是由于电路延时造成的,实际设计时尽量避免毛刺的产生。

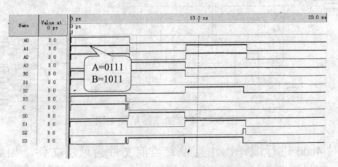

图 2-9  4 位加法器功能仿真结果

### 2.1.7 4位加/减法器设计

根据补码制原理，减法运算可以转换成补码的加法运算。因此，减法器可以由加法器来实现，而补码是反码加1，所以，在加法器的基础上增加反相控制器，把减数取反，在全加器的最低位进位端置1，实现取反加1，这样就实现了补码，如图 2-10 所示的 4 位减法器电路图 4sub.bdf，做减法时，最低位引脚 $C_{i-1}=1$。

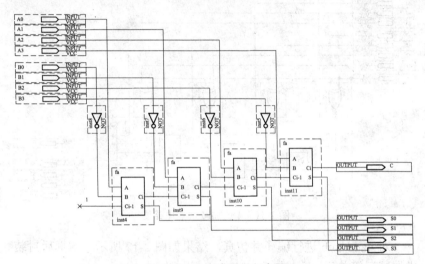

**图 2-10 4 位减法器电路图**

这里的减法器是由全加器构成的，能否加减法使用同一个电路呢？回答是肯定的。引入减法控制端 sub，当 sub=0 时做加法，Bi 端不取反，输入是什么，输出就是什么；当 sub=1 时做减法，同时输入 Bi 取反；写出真值表如表 2-1 所示。求出的逻辑表达式是：Yi=sub⊕Bi，这实际是一个异或门。

**表 2-1    1 位加减法器真值表**

| Bi | sub | Yi |
|---|---|---|
| 0 | 0 | 0 |
| 1 | 0 | 1 |
| 0 | 1 | 1 |
| 1 | 1 | 0 |

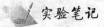 建立4位加减法器文件 add_sub.bdf,画出加减法器,它是在减法器基础上实现的,我们修改前面设计的4位减法器电路,把那里的反向器换成异或门,增加减法控制端 sub 即可,设计完成后的加减法器电路图如图 2-11 所示。其中,sub 是运算控制。作减法运算仿真时,sub=1,加法时,sub=0。

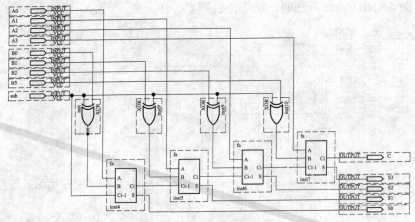

图 2-11 4 位加减法器电路图

对 4add_sub 进行编译并仿真,结果如图 2-12 所示。仿真后封装成加减运算单元。

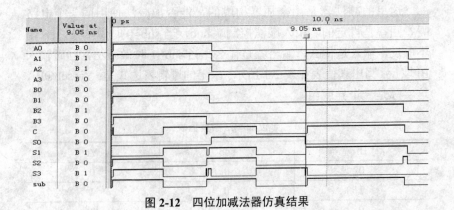

图 2-12 四位加减法器仿真结果

从图中可以看到,当 $A$=0111,$B$=1011,sub=1 减法运算时,即

7-11=-4，输出 $S$=1100 正是 -4 的补码；当 $A$=0111，$B$=1011，sub=0 加法运算时，输出 $S$=0010，$C$=1，即 7+11=18，与加法器仿真结果相同；当 $A$=1000，$B$=0001，sub=1 减法运算时，$S$=0111，即 8-1=7；其他结果自己验证。运算结果正确，说明 4 位加减法器设计正确，把它封装为加减法器单元，如图 2-13 所示。

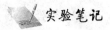

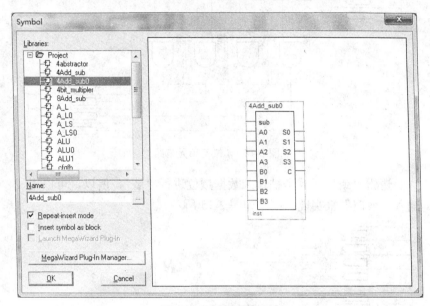

图 2-13 加减法器单元

## 2.2 ALU 单元设计

ALU 是算术逻辑运算单元，简单的 ALU 由加减法运算器和逻辑与、或、非运算器构成。与算术运算器相比，逻辑运算器比较简单，直接可以由逻辑器件构成。

### 2.2.1 4 位"与"、"或"、"非"单元

逻辑"与"运算是把输入数据按位进行"与"，所以，可以用 2 输入"与门"来实现。电路如图 2-14 所示。

 实验笔记

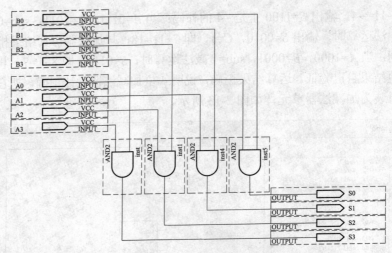

图 2-14  4 位与单元电路

逻辑"或"运算是把输入数据按位进行"或",所以,可以用 2 输入"或门"来实现。电路如图 2-15 所示。

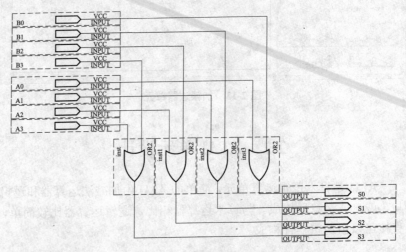

图 2-15  4 位或单元电路

逻辑"非"运算一般由寄存器的反向输出端 $\overline{Q}$ 直接输出产生,不需要通过 ALU 来完成。把 4 位"与""或"电路封装成单元,如图 2-16 所示。

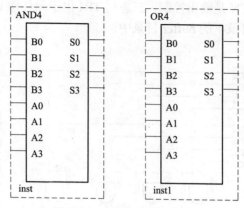

图 2-16 4 位与/或单元模块

### 2.2.2 三态门

ALU 是由加减法器和逻辑"与"、"或"运算器构成。由于 ALU 是一个部件，且输出都是运算数据，自然需要通过数据线输出，不同运算单元需要连接在一起。可以直接相连吗？回答是否定的，逻辑器件输出是不能直接相连，不同单元的输出电平不同，直接相连会相互影响牵制，输出电平很难确定，需要一个类似开关的器件把不同输出连接到 ALU 输出数据线上，具有这种功能的逻辑器件是三态门，三态门电路如图 2-17 所示，其中输入 In，输出 Out，控制 En。当控制端 En=0 时，输入与输出断开，输出端呈高阻。当 En=1 时，输出=输入。因输出具有高电平 1，低电平 0 和高阻三种状态，故称作三态门。

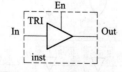

图 2-17 三态门逻辑电路

### 2.2.3 三态门应用

为了把加减法器、"与"、"或"各单元输出连接在一起，各模块

> **实验笔记** 输出需要增加三态门，修改后的各单元如图 2-18，图 2-19，图 2-20 所示，其中，EN 是输出控制。三态门 TRI 位于元件库 Libraries 栏中的 primitives 目录下的 buffer 目录中。

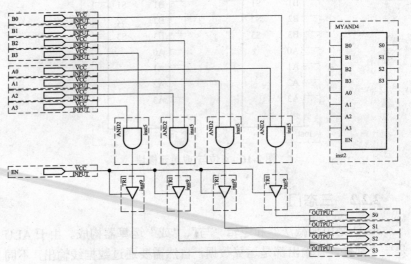

图 2-18 带有输出控制的 4 位与运算单元电路

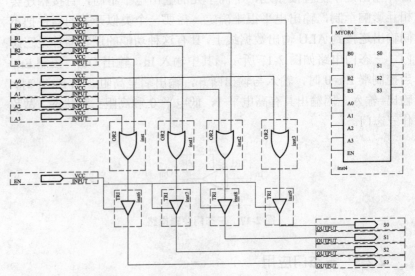

图 2-19 带有输出控制的 4 位或运算单元电路

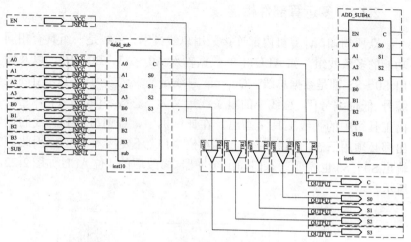

图 2-20 带有输出控制的 4 位加减运算单元电路

运算控制由译码器实现。假设运算控制 OP1=0，OP0=0 时，为加法；当 OP1=0，OP0=1 时，为减法；当 OP1=1，OP0=0 时，为"与"运算；当 OP1=1，OP0=1 时，为"或"运算。由此组合在一起的 4 位 ALU 如图 2-21 所示。这里增加了一个或门来控制加减法器的输出使能 EN 端，表示无论是加还是减，只要是算术运算都需要输出。

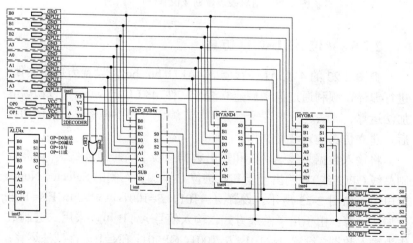

图 2-21 4 位算术逻辑运算器 ALU 电路

### 2.2.4 多运算部件相连

众所周知,计算机内部连接采用总线技术,总线是一组具有相同功能的多条线组,如 ALU 中的数据输入 A0~A3,B0~B3,以及输出 S0~S3 都是数据总线,Quartus 总线定义表达式为"总线名[高位编号..低位编号]",总线中的单条线定义为"总线名[线编号]",它是由工具箱中的画线工具画出。在计算机中,任何接入到总线的输出都必须用三态门隔离,考虑到 4 位 ALU 还要接入 CPU,因此,输出 S0~S3 也需要三态门输出缓冲器。修改后的 4 位 ALU 如图 2-22 所示。

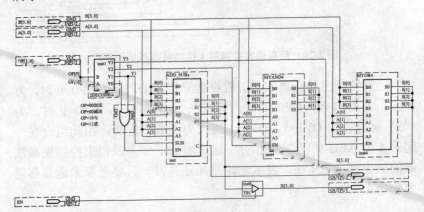

图 2-22 用总线表示的 4 位 ALU 电路图

### 2.2.5 4 位 ALU 功能仿真

把图 2-22 的 4 位 ALU 存储成 4ALU_bus.bdf,设置为顶层文件,进行编译,顺利通过编译后建立波形文件 4ALU_bus.vwf,以检验其加法运算、减法运算和逻辑运算功能。编译过程不再赘述,编译通过后,建立仿真输入波形文件。

将输入数据总线 A,B 和输出数据总线 D(每组 4 线),运算控制总线 OP(2 线)和输出使能 EN,进位 C 添加到右侧的 Selected Nodes 窗口中,如图 2-23 所示。设置 $A=1101$,$B=1001$,OP=00,EN=1 进行加法运算;由于用了总线方式,输入信号 A,B 可以采用二进制数作为输入数据,设置 $A=1101$,$B=1001$,OP=01,EN=1 进行减法运算;

设置 A=1001，B=1011，OP=01，EN=1 进行减法运算；设置 A=1101，B=1001，OP=10，EN=1 进行"与"运算；设置 A=1101，B=1001，OP=11，EN=1 进行"或"运算。操作方法是用鼠标在波形区域选定输入数据区域，选定后将变为蓝色，双击该区域，出现任意值对话框 Arbitary Value，如图 2-24 所示，在 Numeric 文本框中输入值，如 1001。按此方法把各引脚值输入，最后建立的波形文件如图 2-25 所示。存储波形文件为 4ALU_bus.vwf。

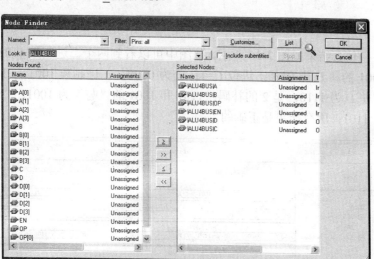

图 2-23　4ALU_bus 仿真引脚设置

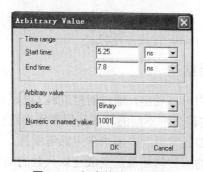

图 2-24　任意值输入对话框

波形文件创建完毕后，打开仿真工具，设置为功能 Function 仿真，仿真输入为 4ALU_bus.vwf，产生功能仿真网络列表成功后（单击 Generate Function Simulation Netlist），启动仿真 start。

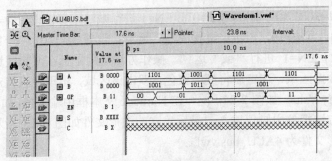

图 2-25 四位 ALU 仿真输入波形

仿真结果如图 2-26 所示。从图中可以看到两个二进制数 1101 与 1001 的和 $D$ 为 0110，进位 $C=1$；差为 0100；二进制数 1001 与 1011 的差 $D$ 为 1110，是 2 的补码；1101 和 1001 的"与"为 1001；"或"为 1101；所有结果是正确的。

图 2-26 加法运算的功能仿真结果

仿真通过后，把原理图文件另存为 4ALU，然后，通过文件菜单 File 中的 Create/Update 封装为模块。

### 2.2.6 实验结论

从仿真结果中可以看出，通过对控制线 OP 赋以不同的值，可以在一个 ALU 中实现多种不同的算术运算和逻辑运算。这种设计方法在以后的实验中要经常用到，要求学生熟练掌握。

将二进制数的运算问题设法变成逻辑代数的问题，然后再根据逻辑代数得到相应的逻辑电路，最终通过电路实现二进制数的运算。这体现了计算机硬件设计的一种重要方法，也揭示了计算机能够完成算术运算工作的内在原因。

## 2.3 *快速运算器设计（选学）

### 2.3.1 1 位快速 ADD

上面设计的 8 位全加器没有考虑输入输出之间的时延，如果考虑门电路延时，需要重新考虑运算表达式，$S_i=A_i\oplus B_i\oplus C_{i-1}$，这里使用的异或门不是基本逻辑电路，不好计算时延，分析上式 $S_i=\overline{ABC}+A\overline{BC}+\overline{AB}C+\overline{A}\overline{B}\overline{C}$，电路如图 2-27 所示。由图可以看出，1 位全加器的最大时延是 3 级门延时。另存为 FAS.bdf 。

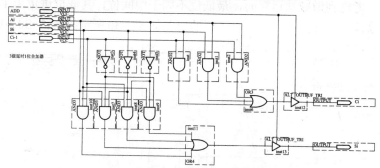

图 2-27 考虑门电路时延的全加器电路

如果考虑到减法运算，为减少延时，尽量减少延时门级数，图 2-11 的异或输入选择最好不用，因为异或增加 3 级时延，可以直接设计减法器——补码加法器 subS.bdf，见图 2-28 和图 2-29。

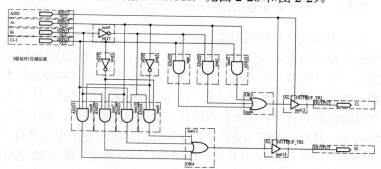

图 2-28 优化后的 1 位减法器

由独立的加法器和减法器组成的快速加减法器如图 2-29 所示。

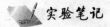

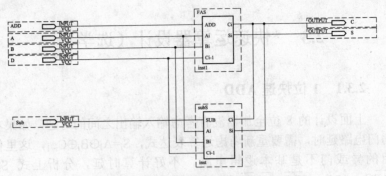

图 2-29 优化后的 1 位加减法器 FAS_S

考虑到做减法运算时,最低位不同于中间位,其低位进位为 1,所以,需要专门设计,优化设计后的电路如图 2-30 所示的 FAS_S0.bdf。

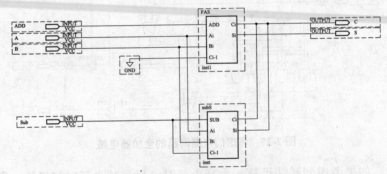

图 2-30 优化后的最低位 1 位加减法器

### 2.3.2 快速 4 位加法器——先行进位

加法器 4ALU 虽然可以实现算术逻辑运算,但串行进位的运算速度受进位延迟的影响,在多位运算器中很难实用,如 32 位加法器,它需要 8 块 4ALU 串联组成,只有低位进位计算出来,本级运算才能开始,如果每级存在 2 级门延迟,32 位具有 64 级门延迟,这大大延长加法器的运算速度,这就需要改进加法器进位的设计,先行进位加法器就是一种很好的解决方法。先行进位加法器分为(1)组内并行,组间串行的进位链和(2)组内并行,组间并行的进位链。图 2-32 是组内并行 4 位加法器电路。其中:

G 进位发生函数,$Gi=AiBi$

P 进位传递函数,$Pi= Ai+Bi$,如图 2-31 所示 adder1.bdf。

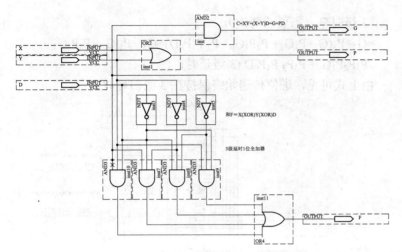

图 2-31　并行进位加法器进位传递函数

$C_0=A_0B_0+(A_0+B_0)D$

　$=A_0B_0+A_0D+B_0D$，直接运算 2 级延时（先与后或），

　$=G_0+P_0D$，使用 G、P 函数时，为 3 级延时（$G_0$、$P_0$ 是 1 级延时，$P_0D$ 是 2 级延时）

$C_1=A_1B_1+(A_1+B_1)C_0=A_1B_1+(A_1+B_1)(A_0B_0+A_0D+B_0D)$

　$=A_1B_1+A_0A_1B_0+A_0A_1D+B_0A_1D+A_0B_0B_1+A_0B_1D+B_0B_1D$，2 级延时

　$=A_1B_1+(A_1+B_1)(G_0+P_0D)=G_1+P_1(G_0+P_0D)$

　$=G_1+P_1G_0+P_1P_0D$ (3 级延时)

$C_2=A_2B_2+(A_2+B_2)C_1=A_2B_2+(A_2+B_2)(A_1B_1+A_0A_1B_0+A_0A_1D+B_0A_1D+A_0B_0B_1+A_0B_1D+B_0B_1D)$

　$=A_2B_2+A_2A_1B_1+A_0A_1A_2B_0+A_0A_1A_2D+B_0A_1A_2D+A_0A_2B_0B_1+A_0A_2B_1D+A_2B_0B_1D+B_2A_1B_1+A_0A_1B_0B_2+A_0A_1B_2D+B_0A_1B_2D+A_0B_0B_1B_2+A_0B_1B_2D+B_0B_1B_2D$，2 级延时

　$=G_2+P_2(G_1+P_1G_0+P_1P_0D)=G_2+P_2G_1+P_2P_1G_0+P_2P_1P_0D$ (3 级延时)，

$C_3=A_3B_3+(A_3+B_3)C_2=A_3B_3+A_3C_2+B_3C_2$

　$=A_3B_3+A_3A_2B_2+A_1A_2A_3B_1+A_0A_1A_2A_3B_0+A_0A_1A_2A_3D+A_1A_2A_3B_0D+A_0A_2A_3B_0B_1+A_0A_2A_3B_1D+A_2A_3B_0B_1D+A_1A_3B_1B_2+A_0A_1A_3B_0B_2+A_0A_1A_3B_2D+A_1A_3B_0B_2D+A_0A_3B_0B_1B_2+A_0A_3B_1B_2D+A_3B_0B_1B_2D+A_2B_2B_3+A_1A_2B_1B_3+A_0A_1A_2B_0B_3+A_0A_1A_2B_3D+A_1A_2B_0B_3D+A_0A_2B_0B_1B_3+A_0A_2B_1B_3D+A_2B_0B_1B_3D+A_1B_1B_2B_3+A_0A_1B_0B_2B_3+A_0A_1B_2B_3D+A_1B_0B_2B_3D+A_0B_0B_1B_2B_3+A_0B_1B_2B_3D+B_0B_1B_2B_3D$，

 **实验笔记**　　3 级时延（需要或两次）

$= G_3 + P_3(G_2 + P_2G_1 + P_2P_1G_0 + P_2 P_1P_0D) = G_3 + P_3 G_2 + P_3P_2G_1 + P_3P_2P_1G_0 + P_3P_2 P_1P_0D$ （3 级延时）

由上式可见，进位传递始终保持在 3 级门延时之内。

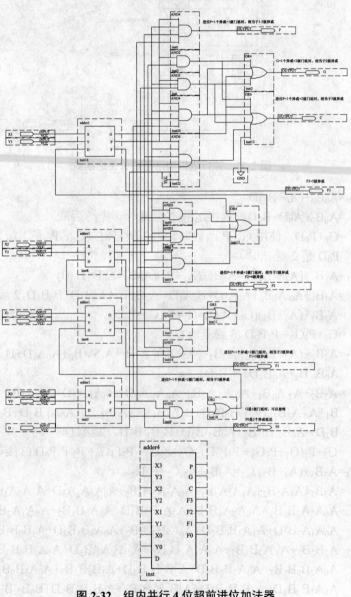

图 2-32　组内并行 4 位超前进位加法器

我们可以把进位电路专门设计成先行进位器，见图2-33。

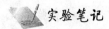**实验笔记**

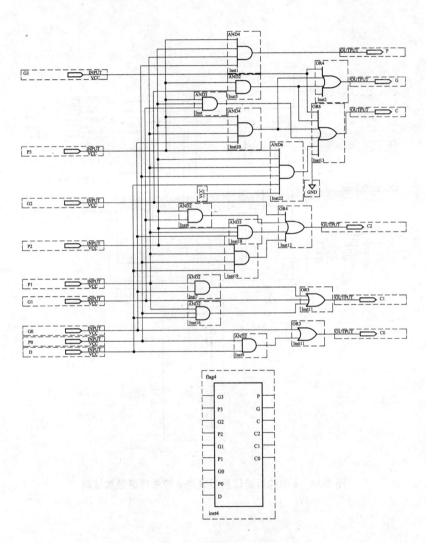

图2-33  4位先行进位器

**46** ‹‹‹ *计算机系统实验教程*

**实验笔记**　　由先行进位器组成 4 位先行进位加法器 adder4f.bdf，见图 2-34。

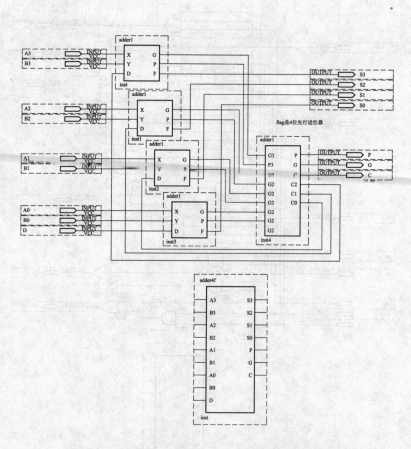

**图 2-34　4 由先行进位器组成的 4 位先行进位加法器**

组成 16 位先行进位加法器，见图 2-35。

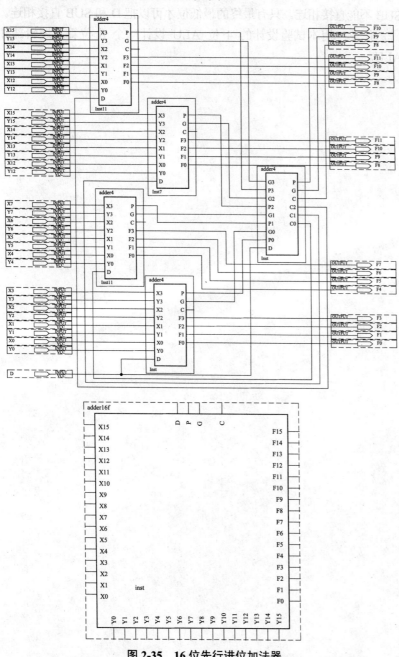

图 2-35 16 位先行进位加法器

**实验笔记** 注意，如果用此器件组合成多位 ALU，需要每块的最低位 D 和 SUB 不能直接相连。只有最终的最低位才可以把 D 和 SUB 直接相连。

作业：用本试验设计的 4 位 ALU 设计一个 8 位算术逻辑部件 ALU。

# 实验 3

# 存储器实验

本章包括三个实验，分别是寄存器设计实验、寄存器组设计实验和大容量存储器设计实验。

 实验笔记

## 3.1 寄存器设计实验

### 3.1.1 实验题目

8 位寄存器设计。

### 3.1.2 实验内容

寄存器是计算机存储系统的最高层次，它用于存储 CPU 在运行过程中产生的各种临时数据和状态。其性能和数量对 CPU 影响很大，和 CPU 具有同一速度级别。由寄存器组成的寄存器组是典型的静态随机存储器，其工作原理与 Cache 相近。本实验要求设计 8 位寄存器，具有输入使能和输出三态门控制。

### 3.1.3 实验目的与要求

本实验的目的是使学生对作为最小存储单元的寄存器组成及控制原理有所了解，通过电路的设计和实现对数据的读/写控制加深认识。要求学生熟练掌握寄存器的组成、工作原理以及使用控制方法。

### 3.1.4 实验步骤

**1. 设计带输入使能的 1 位可控寄存器（REG0）**

建立项目 REG，在项目下建立文件 REG0.bdf。

先设计带输入/输出控制的 1 位可控寄存器，方法是在元件库 Libraries 中 primitives 文件夹下的 storage 库里寻找带有输入使能的 D 触发器 DFFE。将 DFFE 插入电路中，插入数据引脚 data，插入输入使能引脚 EN，输出使能引脚 EO，时钟引脚 CLK，清零（复位）引脚 clr 以及输出三态门。连接各引脚，如图 3-1 所示。

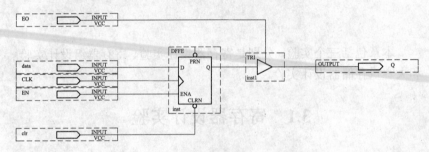

图 3-1  1 位输入输出可控寄存器

如果要仿真设计的 1 位寄存器单元，那就需要先编译。把设计好的电路存盘，命名为 REG0，设置为顶层文件，编译通过后，建立波形文件 reg0.vwf，仿真结果如图 3-2 所示。

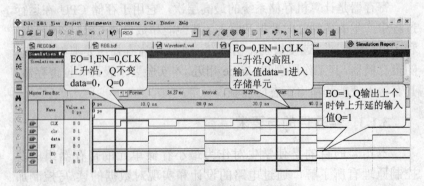

图 3-2  寄存器 1 位单元仿真结果

## 2. 设计带输入/输出使能的 8 位寄存器（REG）

将 REG0 扩展为 8 位寄存器，重新定义数据线和引脚为总线，方法是选择输入引脚，修改其 name 为 data[7..0]；选择输出引脚，修改其 name 为 Q[7..0]；把对应的连线修改为总线，其他控制线自动连接在一起，如图 3-3 所示，将其封装为模块 REG。

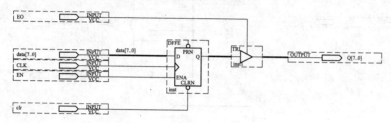

**图 3-3　8 位输入/输出寄存器**

CPU 中的通用寄存器（累加器），不仅可以暂存数据，而且可以对数据进行判断，如内容是否为 0，是否为负，以及输出取反（非），甚至还具有算术左移 SAL、逻辑左移 SHL（每左移一次，最高位进入标志 CF，最低位补零），算术右移 SAR（最低位进入标志 CF，最高位保持不变）、逻辑右移 SHR（每右移一次，最低位进入标志 CF，最高位补零）功能。

作为通用寄存器（或累加器）如何判断数据为 0 呢？这可以通过或非门实现。当寄存器内容为 0 时，各位输出或为 0，如果用或非门实现，则当数据为 0 时，或非门输出为 1。定义这个或非门的输出为标志位 Zf，当 Zf=1 时，数据为 0。

如何判断寄存器数据为负呢？无论是补码计数方式还是原码方式，当数据最高位为 1 时数据为负。当定义 Nf 为负标志，则当 Nf 与寄存器最高位相连，当 Nf=1 时寄存器数据为负。这样，我们就可以判断寄存器内容的状态了。具有判断能力的通用寄存器如图 3-4 所示。

8 位寄存器仿真和 1 位仿真相同，仿真时输入数据 data 选择总线方式，波形值直接输入二进制数。相比运算器 ALU，寄存器比较简单。

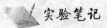

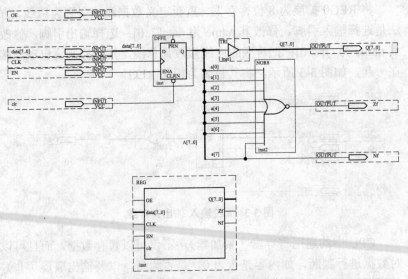

图 3-4 带有判断功能的通用寄存器

## 3.2 寄存器组设计实验

### 3.2.1 实验题目

寄存器组（小容量 SRAM）设计仿真。

### 3.2.2 实验内容

设计具有地址选择端的寄存器，由其组成寄存器组（SRAM）（8 单元）。

### 3.2.3 实验目的与要求

本实验的目的是使学生了解寄存器组的控制原理，数据写入、读取过程。理解寄存器组（随机存储器）是由增加了地址控制端 AD 的寄存器作为存储单元组成的，当寄存器数量较少时，地址端 AD 可以直接由 CPU 控制器驱动，当单元较多时，需要通过地址译码器来控制，AD 事实上就是用输入地址信号去选通读写控制 IO 信号。

### 3.2.4 实验步骤

**1. 设计带地址选择的 8 位寄存器组单元（REGG0）**

作为组成寄存器组的寄存器单元，是否工作需要地址线来控制，也就是通过地址选择线 AD 来控制寄存器单元的输入/输出，有了地址控制线 AD，输入/输出就不需要单独 2 条控制线 EN 和 EO 了，可以用 1 条 I/O 或 W/R 线来控制输入/输出。在地址 AD 控制下，寄存器单元要不是输入，要不就是输出。因此，可以通过反向器来实现这一功能，组成寄存器组的寄存器单元 REGG0 如图 3-5 所示。只有当 AD 为高时，输入/输出控制线 I/O 才有效。作为通用寄存器（如 AX，BX，CX，DX），这样的设计结构已经足够了，控制器输出直接控制地址线 AD。

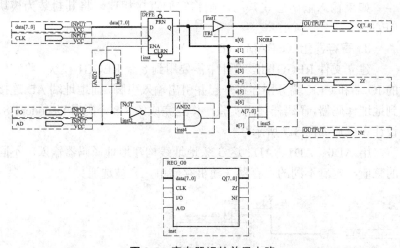

图 3-5 寄存器组的单元电路

**2. 寄存器组 REGG**

新建文件 REGG1.bdf，利用模块 REGG0 进行设计，画出 REGG1 电路图，完成后如图 3-6 所示。

寄存器组单元是在带地址寄存器 REGG0 基础上增加片选线 CS 构成的。IO 线的作用是控制对存储单元的读/写操作，AD 线决定存储单元是否被选通（选中），CS 是片选信号，控制整个存储部件（寄存器组）的选通。

当某单元的 AD 为高时，则该单元被选中，相应单元可以进行读写操作，也就是 AD 选通 IO。这样连接不会引起自己输出倒灌，因

**实验笔记** 为输入使能和输出使能是互斥的,添加片选 CS 和公共数据总线的电路如图 3-6 所示。

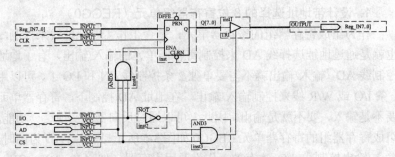

图 3-6 寄存器组存储单元 REGG1 电路

如果输入输出总线共用,则将它们直接相连,将其封装为模块 REGG1。

### 3. 寄存器组（SRAM）（8 单元）

建立文件 REGG.bdf。设计中需要用到 8 个 REGG1 模块,将它们的 IO 端和 CLK 端分别连在一起并引出输入引脚,而地址端 AD 连接到地址译码器,译码器使用实验一作业完成的 3-8 译码器 Decoder3-8。设计完成后如图 3-7 所示。

用 AD0、AD1、AD2 这 3 条地址线构建地址译码器输入,不同的赋值决定着不同的寄存器（随机存储单元）被选通。

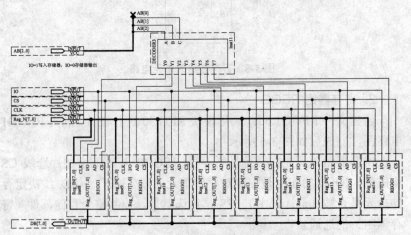

图 3-7 完成后的 8 单元 REGG 电路

## 4. 进行功能仿真

对设计的 8 单元 REGG 寄存器组进行编译，编译成功之后建立波形文件 REGG.vwf，如图 3-8 所示。图中寄存器组的地址总线 AD 的值从 0 递增至 7，变化周期与时钟 CLK 相同，这里都可设置为 5ns，数据总线 Db 的值从 0 开始，以 3 递增。可利用波形编辑工具栏中的 Count Value 按钮 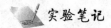 进行赋值。令前 8 个周期 IO=1，数据输入，把 0 到 7 八个数送到 8 个存储器单元中；后 8 个周期 IO=0，数据输出，初始时 Db 的值尚未确定，值为 Z，代表高阻状态。

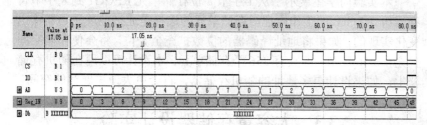

图 3-8　建立波形文件 REGG.vwf

建立波形文件后，进行功能仿真。仿真后的结果如图 3-9 所示。从图中可以看出，地址线 AD 依次为 0～7 循环，寄存器组输入数据总线 Reg_IN 的值依次为 0，3，6，…，IO 在 0～7 时钟段内为 1，输入状态，8～15 时钟周期为 0，输出状态，CS 的值始终为 1。第一个时钟脉冲到来时，0 号存储单元被选通，数据从 Reg_IN 总线流入 0 号存储单元。此后，随着时钟的变化，数据依次装入 1 至 7 号存储单元。当 IO=0 时，数据输出，随着 AD 从 0 到 7 变化，0～7 号存储单元内容 0、3、6、9…输出。仿真结果与理论值相同，设计正确。

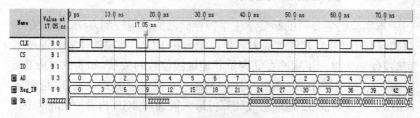

图 3-9　随机存储器的功能仿真结果

如果输入波形变成图 3-10 所示数据，输出结果相应变化，证明设计正确。

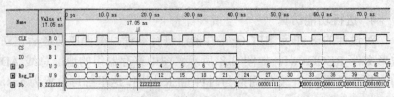

图 3-10 输入波形

### 3.2.5 实验结论

本实验向学生展示了从 1 字节 8 位存储单元 REGG1 到 8 字节寄存器组 REGG 的工作原理。存储单元的选择是通过地址译码器输出变化实现的,如果将地址译码器的位数扩充至 8 位,将会使存储空间扩充至 256 字节,即具有 256 个存储单元。本设计可以用在随机存储器上,如果设计更多地址的随机存储器,将会更大地扩展存储空间。

## 3.3 大容量存储器设计实验

### 3.3.1 实验题目

大容量存储器设计。

### 3.3.2 实验内容

使用 EDA 软件提供的存储器模块生成大容量存储器 RAM(64K×8),ROM(512×8),以及 ROM 数据的输入。

### 3.3.3 实验目的与要求

本实验的主要目的是要学生掌握存储器的访问控制方法,其次是了解如何利用 EDA 软件生成大容量存储器和 ROM 数据的建立。通过本实验,使学生进一步明确存储容量和地址线位数的关系,如 8 位对应 256 字节,10 位对应 1kB,20 位对应 1MB,30 位对应 1GB,而 32 位对应 4GB,这就是当前 32 地址总线计算机最大能访问 4GB 内存空间的原因。

### 3.3.4 实验步骤

**1. 生成 64K SRAM**

打开元件库,选择 megafunctions 库中的存储器 storage,在 storage

里选中 LMP_RAM_DQ，这是双时钟的 RAM，如图 3-11 所示。

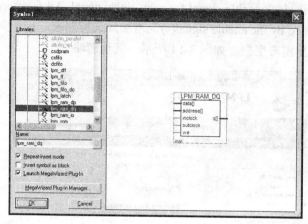

图 3-11　存储器 RAM 宏模块

首先输入存储器名称，如 RAM_Data，RAM_Code 等名称，名称必须是字母、数字和下划线，且选择 Launch MegaWizard Plug-In，确定后进入下一步参数设置；选择制作 RAM 的 FPGA 类型，如 Cyclone II，Stratic 等，取决于后续生成器件时用什么 FPGA 器件；设置数据总线宽度和存储单元数，数据总线宽度可以是 1～256bits，本例设置 8bits，单元数 64K 选择 65 536，单时钟 Single Clock，如图 3-12 所示。

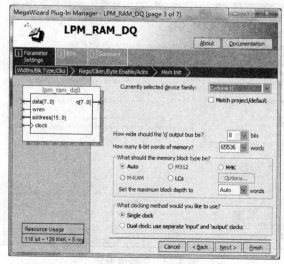

图 3-12　存储器容量参数设置

 **实验笔记**　　单击 Next 按钮,进入端口控制选择对话框(见图 3-13),勾选 "Create one clock enable signal for each clock signal, All registered ports are controlled by the enable signal(s)",增加片选控制端。下一步设置初始值,这里留着空白,如图 3-14 所示。其他忽略。

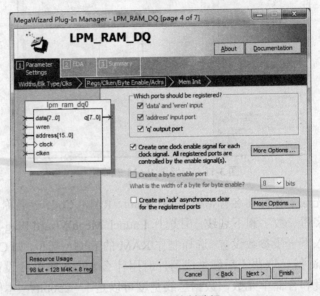

图 3-13　端口控制选择

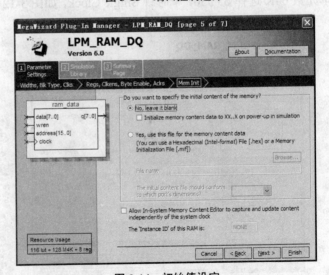

图 3-14　初始值设定

最后生成的 RAM 如图 3-15 所示。

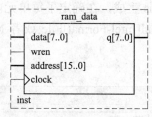

图 3-15　由 EDA 软件生成的 64K×8RAM 存储器

### 2. 生成 512×23 单元 ROM

在元件库的 megafunctions 下 storage 里选中 LMP_ROM，选择 Launch MegaWizard Plug-In，输入存储器名称，如 ROM，Controller，确定后进入下一步参数设置；参数设置按需要选择数据总线宽度，如选择 23bits，本实验设计 512 单元存储器，单元数选择 512，单时钟 Single Clock。在端口控制选择对话框，勾选输出寄存器 q，以及勾选"Create one clock enable signal for each clock signal, All registered ports are controlled by the enable signals"，增加片选控制端，设置方法和 RAM 相同。

最后，调用初始化文件对 ROM 内容初始化，即设置 ROM 初始化文件，如图 3-16 所示。

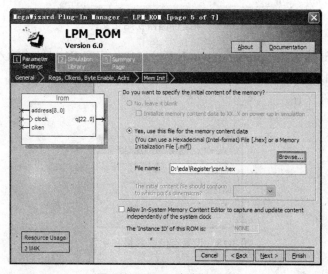

图 3-16　ROM 内容初始化

**实验笔记** 初始化文件有两种格式,分别是 Intel Hex 格式和 mif 格式。初始化文件可以使用 Quartus 生成,在确定了每单元内容后,新建文件对话框中选择 Hexadecimal[Intel-Format]File 或者 Memory Initialization File,如图 3-17 所示。

图 3-17  新建存储器初始化文件

存储器字数 Number of words 输入 512,字宽 Word size 输入 23,如图 3-18 所示。确定后进入内容输入对话框,如图 3-19 所示,将初始化文件保存。

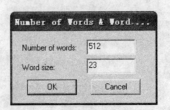

图 3-18  设置存储器容量和字宽

| Addr | +0 | +1 | +2 | +3 | +4 | +5 | +6 | +7 |
|---|---|---|---|---|---|---|---|---|
| 0 | 0 | 0 | 0 | 0 | 0 | 0 | 0 | 0 |
| 8 | 0 | 0 | 0 | 0 | 0 | 0 | 0 | 0 |
| 16 | 0 | 0 | 0 | 0 | 0 | 0 | 0 | 0 |
| 24 | 0 | 0 | 0 | 0 | 0 | 0 | 0 | 0 |
| 32 | 0 | 0 | 0 | 0 | 0 | 0 | 0 | 0 |
| 40 | 0 | 0 | 0 | 0 | 0 | 0 | 0 | 0 |
| 48 | 0 | 0 | 0 | 0 | 0 | 0 | 0 | 0 |
| 56 | 0 | 0 | 0 | 0 | 0 | 0 | 0 | 0 |
| 64 | 0 | 0 | 0 | 0 | 0 | 0 | 0 | 0 |
| 72 | 0 | 0 | 0 | 0 | 0 | 0 | 0 | 0 |
| 80 | 0 | 0 | 0 | 0 | 0 | 0 | 0 | 0 |
| 88 | 0 | 0 | 0 | 0 | 0 | 0 | 0 | 0 |
| 96 | 0 | 0 | 0 | 0 | 0 | 0 | 0 | 0 |
| 104 | 0 | 0 | 0 | 0 | 0 | 0 | 0 | 0 |
| 112 | 0 | 0 | 0 | 0 | 0 | 0 | 0 | 0 |
| 120 | 0 | 0 | 0 | 0 | 0 | 0 | 0 | 0 |
| 128 | 0 | 0 | 0 | 0 | 0 | 0 | 0 | 0 |
| 136 | 0 | 0 | 0 | 0 | 0 | 0 | 0 | 0 |
| 144 | 0 | 0 | 0 | 0 | 0 | 0 | 0 | 0 |
| 152 | 0 | 0 | 0 | 0 | 0 | 0 | 0 | 0 |
| 160 | 0 | 0 | 0 | 0 | 0 | 0 | 0 | 0 |
| 168 | 0 | 0 | 0 | 0 | 0 | 0 | 0 | 0 |
| 176 | 0 | 0 | 0 | 0 | 0 | 0 | 0 | 0 |
| 184 | 0 | 0 | 0 | 0 | 0 | 0 | 0 | 0 |
| 192 | 0 | 0 | 0 | 0 | 0 | 0 | 0 | 0 |
| 200 | 0 | 0 | 0 | 0 | 0 | 0 | 0 | 0 |

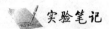

图 3-19 初始化内容输入文件

### 附：Intel HEX 记录格式

Intel HEX 由任意数量的十六进制记录组成。每个记录包含 5 个域，它们按以下格式排列：

:llaaaatt[dd...]cc

每一组字母对应一个不同的域，每一个字母对应一个十六进制编码的数字。每一个域由至少两个十六进制编码数字组成，它们构成一个字节，就像以下描述的那样：

: 每个 Intel HEX 记录都由冒号开头。

ll 是数据长度域，它代表记录当中数据字节（dd）的数量。

aaaa 是地址域，它代表记录当中数据的起始地址。

tt 是代表 HEX 记录类型的域，它可能是以下数据当中的一个：00 - 数据记录，01 - 文件结束记录，02 - 扩展段地址记录，04 - 扩展线性地址记录。

dd 是数据域，它代表一个字节的数据，一个记录可以有许多数据字节，记录当中数据字节的数量必须和数据长度域(ll)中指定的数

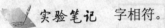

字相符。

cc 是校验和域,它表示这个记录的校验和,校验和的计算是通过将记录当中所有十六进制编码数字对的值相加,以 256 为模进行。

文件结束(EOF)记录。Intel HEX 文件必须以文件结束(EOF)记录结束,这个记录的记录类型域的值必须是 01,EOF 记录外观总是如下:

:00000001FF

其中:00 是记录当中数据字节的数量,0000 是数据被下载到存储器当中的地址,在文件结束记录当中地址是没有意义被忽略的,01 是记录类型(文件结束记录)。

## 实验 4

# 特殊寄存器单元实验
## ——通用寄存器（累加器）、计数器

### 4.1 实验题目

通用寄存器（累加器）和计数器设计验证。

实验内容如下：

（1）利用前面实验完成的寄存器组装可 8 位左右移位寄存器 SREG，由移位寄存器组成通用寄存器（累加器），对上述器件进行仿真验证。

（2）利用触发器设计串行（行波）计数器，即节拍发生器、程序计数器 PC、堆栈计数器（对栈指针）。

本实验分三步来完成，分别是移位寄存器，通用寄存器（累加器）和计数器。

### 4.2 移位寄存器设计实验

#### 4.2.1 实验题目

移位寄存器设计与验证。

#### 4.2.2 实验目的与要求

本实验以左右移 8 位寄存器为例说明移位寄存器的组成和工作

> **实验笔记**

原理。要求理解移位寄存器的内部构造，并在此基础上增加为0、为负判断，组成累加器，从而理解累加器的功能和作用。

### 4.2.3 实验步骤

#### 设计8位左右移位寄存器 SREG

建立项目文件 REG.qsf，新建一个逻辑图文件 SREG.bdf，在该界面下设计电路。设计中需要用到前缘 D 型触发器 DFFE，设计完成后如图 4-1 所示。

图中左下角部分为时钟脉冲输入引脚 CLK 和复位输入引脚 clr 和寄存器输入控制 ENA：如果 ENA=1，当 CLK 由 0 变到 1 时，新数据进入寄存器；如果 ENA=0，当 CLK 由 0 变到 1 时，寄存器中原有的数据将会被保持。正常情况下，clr=0 复位有效。EO 是寄存器输出控制，shift_L 是左移控制，shift_R 是右移控制。

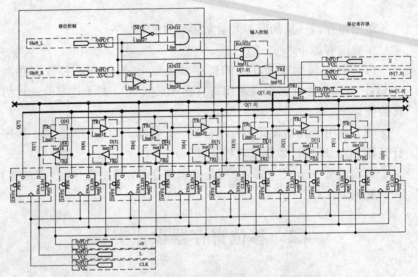

图 4-1 完成后的移位寄存器 SREG 电路图

图中上半部分的移位控制和输入控制是互斥电路，保证同一时间只能有一种操作发生，即左移时，断开右移和输入信号；右移时，断开左移和输入信号；而移位寄存器输入是靠控制器控制左右移控制信号的。设计完成后，将其封装为模块 SREG。

### 4.2.4 仿真实验

对移位寄存器，我们首先做数据输入输出仿真，这个实验比较简单。编译移位寄存器 SREG，通过后建立波形文件，方法同上，输入波形如图 4-2 所示。建立好仿真波形后，开始仿真，注意仿真模式选择 Function 功能仿真，仿真输入是刚刚建立的仿真文件，不要忘记产生功能仿真列表。仿真成功后，打开仿真报告 report，查看仿真结果，如图 4-3 所示。

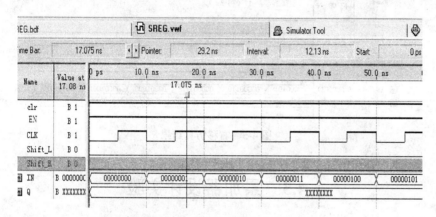

图 4-2 移位寄存器输入输出实验波形文件

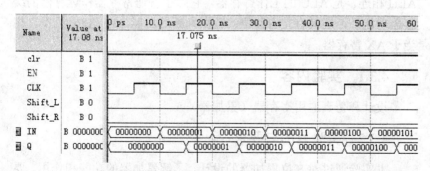

图 4-3 移位寄存器输入输出仿真结果

左右移实验对输入波形有一定要求，右移仿真输入波形如图 4-4 所示，需要注意的是必须首先给寄存器输入数据，这时 Shift_L 和 Shift_R 同时为低电平 0，仿真结果如图 4-5 所示。

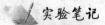实验笔记

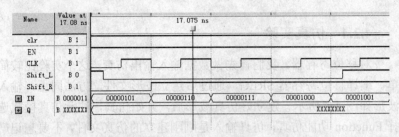

图 4-4 右移输入波形

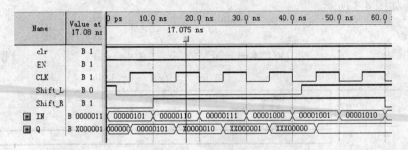

图 4-5 右移仿真结果

## 4.3 累加器设计实验

累加器是核心通用寄存器，它不仅与总线相连，而且也直接与 ALU 相连，是 ALU 的工作寄存器，它除了普通寄存器作运算器的缓存器功能外，还具有左右移位、数据判断等功能，在 X86 机里，相当于 AX 寄存器。

### 4.3.1 实验内容

设计和仿真通用寄存器（累加器）A。

### 4.3.2 实验目的与要求

本实验通过对 8 位累加器的设计，了解累加器的功能和作用。要求掌握累加器的控制信号。

### 4.3.3 实验步骤

建立文件 ACCUM.bdf。设计中需要用到上面设计的移位寄存器

SREG，需要设计数值判断电路，其中，SREG 从元件库中的 Project 中调出，如果元件库中没有 Project，就需要通过 Name 文本框查找，查找所在文件夹。设计结果如图 4-6 所示。

图中的 8 输入端或非门 NOR8 位于 Library 下 primitive 中的 logic。当其输入 8 位数值全为 0 时，输出 Zf=1，其他情况 Zf=0，是数据为 0 的标志。而 Nf 的输入是最高位，正是补码制数值为负的结果，因此，它是数值为正负的标志，可以把这些值送入标志寄存器 PSW 保存。这里，寄存器输入控制为 EN，输出 a[7..0]没有经过三态门控制，以后直接连接到算术逻辑运算器 ALU，经过三态门控制的输出接到总线上，输出控制为 EO。

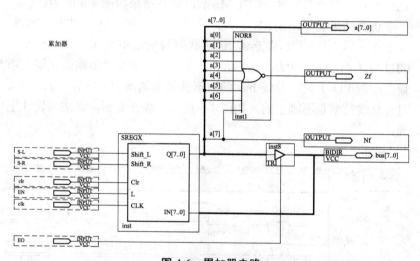

图 4-6 累加器电路

### 4.3.4 累加器仿真

累加器是由移位寄存器升级而来的，其左右移功能与移位寄存器相同，这里就不再仿真，仿真时，把左移控制 S-L 和右移控制 S-R 设置为 0，寄存器清零控制 clr=1（0 有效），时钟 CLK 设置为 10ns，首先输入数据到累加器，这时，EN=1，EO=0；当输出数据时，EO=1，EN=0，输入波形设置如图 4-7 所示。

### 实验笔记

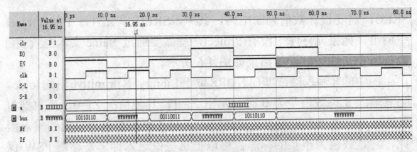

图 4-7 累加器仿真输入波形设置

仿真波形设置完成后，把波形文件存盘，命名为 ACCUM.vwf；然后，打开仿真工具，选择仿真模式为 Function 功能仿真，仿真输入是刚刚建立的仿真文件 ACCUM.vwf，仿真结果如图 4-8 所示。

仿真结果显示，在 EN=1 时，总线上数据 10110110 进入累加器，显示在 a 线上，Nf=1，Zf=0，说明数据为负，不为 0；当数据变为 00110011 时，Nf=Zf=0，说明数据非负非 0，证明数据输入正确。当输出控制 EO=1 时，总线 bus 的数据就是累加器中的内容，而 EO=0 时，总线数据是不确定的，如图 4-8 所示。综合分析，累加器设计正确。

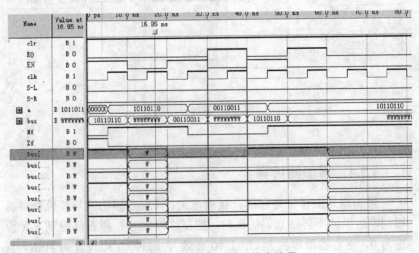

图 4-8 累加器 ACCUM 仿真结果

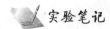

## 4.4 计数器实验

设计 8 位通用计数器和节拍发生计数器。通用计数器可以自动加任意数,自动减任意数。可以做程序计数器 PC、堆栈指针 SP、定时器等,需要时可以扩大到任意位。

### 4.4.1 实验题目

计数器设计与验证。

### 4.4.2 实验目的与要求

本实验设计的通用计数器不是传统电子电路中的计数器,是由加减法运算器和寄存器组成,这种计数器使用起来十分灵活,既可以做简单加 1、减 1 计数,也可以设置为任意加减计数器,作为程序计数器,指令长度可以任意改变,为指令系统设计提供了更大的灵活性。而节拍发生计数器是专为软控制器设计的节拍发生器,本实验的目的是了解计数器的功能和控制方法。

### 4.4.3 实验步骤

建立文件 counter-1.bdf,我们首先分析一下程序计数器和堆栈指针计数器的特点。作为计数器,它们主要实现自动加 1、减 1 运算,同时,由于跳转的需要,程序计数器 PC 需要外部置新地址到计数器,要求具备数据保持、输入功能。因此,计数器可以由存储器和加减法器一起组成,电路如图 4-9 所示。SUB 为加减控制,Cp 是计数输入,ENpc 是重置计数值,当需要计数时,把加减法器输出输入到寄存器即可。

编译成功之后就可以在功能仿真中观察程序计数器的计数过程了。

建立波形文件 COUNTER1.vwf。clr=1,SUB=0,是自动加 1 计数,SUB=1 是自动减 1 计数,时钟 CLK 为 5ns,Cp 设定是 10ns,延迟 2ns,ENcp=0 是正常计数,ENcp=1 时,计数器置数,完成后如图 4-10 所示。

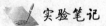

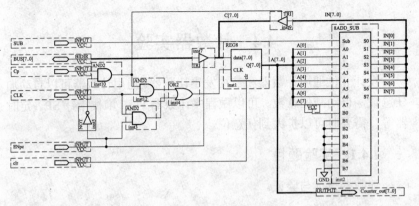

图 4-9 加减 1 计数器电路

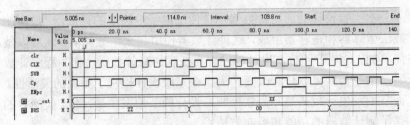

图 4-10 完成后的 COUNTER1.vwf

波形文件创建完成之后存盘,对其进行时序仿真,仿真结果如图 4-11 所示。从图中可以看出,程序计数器成功地完成了加 1 计数(区域 1, SUB=0)、减 1 计数(区域 2, sub=1)、置数(区域 3, ENpc=1)。

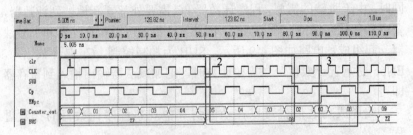

图 4-11 程序计数器的功能仿真结果

### 4.4.4 实验结论

本实验成功实现了通用计数器的设计和仿真,它可用作程序计数器 PC、堆栈指针 SP,以及其他计数器和定时器。

## 实验 4 特殊寄存器单元实验

当做程序计数器使用时，可以实现自动加 1，也可以实现自动加 n，数值 n 从加减运算器 B 输入端设置，即加数值。作为堆栈指针 SP 时，通过控制加减控制端 SUB。作定时器使用时，Cp 接定时时钟，时长由设置的初值决定。

如果计数器输出需要接入公共地址总线，则输出需要接三态控制门，输入增加输出控制 OEpc，电路如图 4-12 所示。

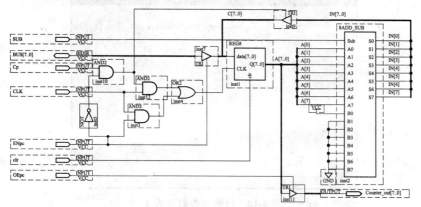

**图 4-12** 带输出控制的计数器电路

### 4.4.5 *调用 Quartus 计数器

计数器也可直接调用 Quartus 提供的计数器来实现，在元件库 magefuction 中打开 arithmetic，选择 lpm_counter，如图 4-13 所示。

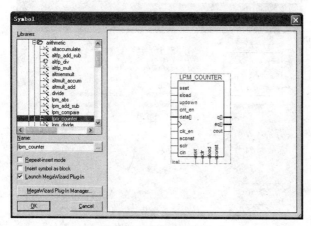

**图 4-13** 计数器模块

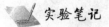**实验笔记**　　勾选 Launch MegaWizard Plug-In 开始对计数器参数设置。设置计数器为位数 16bits，双向计数，如图 4-14 所示。

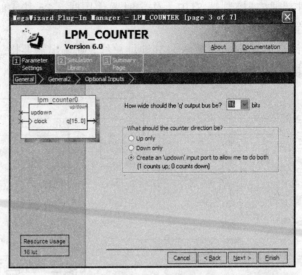

图 4-14　计数器参数设置 1

单击 Next 按钮，设置生成纯二进制文件，勾选计数使能控制 Count Enable，如图 4-15 所示。

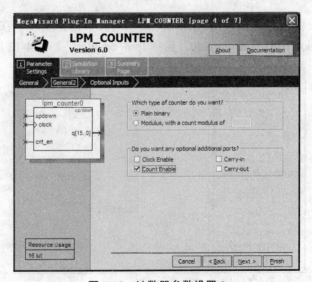

图 4-15　计数器参数设置 2

设置计数器具有"清零"、"置数"功能,如图4-16所示。

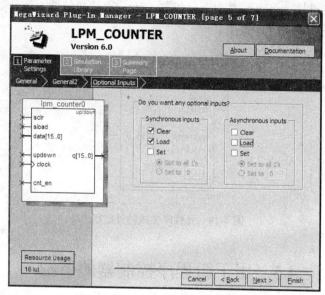

图4-16 计数器参数设置3

进入是否接受检查文件对话框,如图4-17所示。

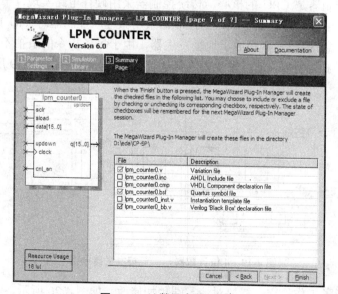

图4-17 计数器参数设置4

 **实验笔记**　　生成的计数器如图 4-18 所示。其中，sclr 是计数器清零，sload 是置数控制，updown 是上下行控制，cnt_en 计数使能。该计数器可以作程序计数器 PC 使用。

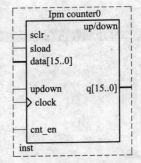

图 4-18　元件库生成的计数器

## 4.5　用于微程序控制器的节拍发生器——地址发生器

控制器是 CPU 的核心，传统控制器采用硬件电路实现，节拍发生器是由移位寄存器构成，当控制器采用微程序控制器时（即 ROM 构成），节拍发生器变成了地址发生器，由于每条指令的节拍不超过 16 个节拍，所以，地址发生器选择 4 位就够了，电路如图 4-19 所示。

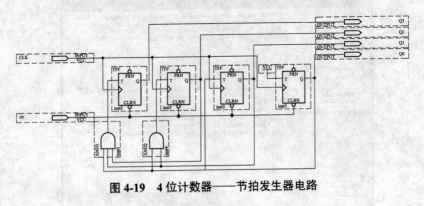

图 4-19　4 位计数器——节拍发生器电路

为了工作稳定，需要对清零端稍加修改，如图 4-20 所示。

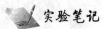

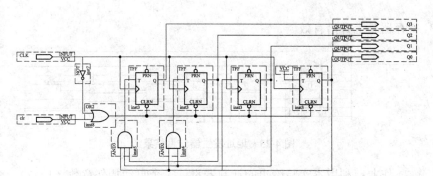

图 4-20  实用微程序地址发生器电路

在图 4-20 所示的节拍发生器中，clr 是清 0 或称复位 reset 控制，当节拍数不是 16 时，可以通过强制复位达到节拍重新开始，CLK 是时钟，封装后的电路如图 4-21 地址发生器所示。

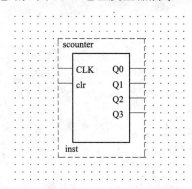

图 4-21  地址发生器

地址发生器仿真，首先建立输入波形文件 scounter.vwf，如图 4-22 所示。

图 4-22  地址发生器输入波形

仿真结果如图 4-23 所示，从图中可以看出设计的正确性。这里需要注意的是该 T 触发器下降沿有效，时序上有一点延迟，而前面的

**实验笔记** 寄存器是上升沿有效。

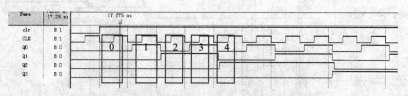

图 4-23 地址发生器仿真结果

**作业**：利用本实验给出的计数器设计一个自动加任意数（1~7）计数器。

# 实验 5

## 指令系统实验
## ——汇编语言上机实验和 Debug 命令使用

实验笔记

### 5.1 实验目的

学习使用 Debug 程序的各种命令；了解 Debug 调试程序的方法；熟悉在 PC 上建立、汇编、连接、调试和运行汇编语言程序的过程。

### 5.2 实验内容

Debug 调试命令的使用；使用汇编工具编辑、调试汇编语言程序。

### 5.3 实验步骤

#### 5.3.1 Debug 的使用

**1. Debug 的进入**

在"运行"对话框中输入 COMMAND，进入 DOS 命令提示符界面；或在"运行"对话框中输入 CMD。在 Windows 下按微软键+r 键，微软键是标有微软图标的键，在 Ctrl 和 Alt 之间，然后显示如图 5-1 所示"运行"对话框，输入 CMD，进入 Windows 命令提示符界面，在命令提示符下键入 Debug，如图 5-2 所示。即可进入 Debug 环境，显示提示符"-"。

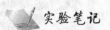

图 5-1 Windows "运行" 对话框

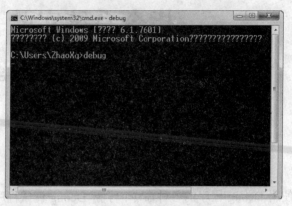

图 5-2 启动 Debug 程序

### 2. 查看寄存器命令 R

输入 R 可以查看所有寄存器的内容、标记的状态和当前位置的指令解码表，如图 5-3 所示。

图 5-3 R 命令查看寄存器内容

### 3. 退出 Debug 命令 Q

输入命令 Q 退出 Debug，如图 5-4 所示。

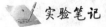

图 5-4　退出 Debug

### 4. 汇编命令 A

源程序可以在 Debug 下，用汇编命令 A 输入到内存中，只需在 Debug 提示符"-"下，键入汇编命令 A ↙，并在显示"段寄存器地址：偏移地址"后面键入你自己编写的程序，每键入一条，按一次回车键。如图 5-5 所示，从 100 地址开始输入汇编程序：

-a　100↙
13C7：0100　mov cx, 5　↙
13C7：0103　mov al, 0　↙
13C7：0105　mov bx, 2000　↙

图 5-5　用 A 命令输入汇编程序

如果进入 Debug 时是使用"Debug　文件名"进入的，那么在进入 Debug 状态后，可用反汇编命令 U，将调入的程序显示出来：

-U ↙
13C7：0100　　B90500　　　MOV CX, 5
13C7：0103　　B000　　　　MOV AX, 0
13C7：0105　　BB0020　　　MOV BX, 2000
……

如果要反汇编某地址开始的程序，可以键入：-U 地址。如图 5-6

**实验笔记** 所示，-U f000：0200

图 5-6　反汇编命令 U

### 5. 查看内存命令 D

格式：D rang

rang 指定要显示其内容在内存区域的起始和结束地址或起始地址和长度。如果不指定 rang，Debug 程序将从以前 d 命令中所指定的地址范围的末尾开始显示 128 个字节的内容。用 D 命令查看 CS：200～22F 和 F000：200～22F 两内存块内容，如图 5-7 所示。

图 5-7　查看内存命令 D

### 6. 存储单元数据输入命令 E

功能：把数据输入到内存中指定地址单元。

格式：-e address [list]

address 指定输入数据的第一个内存位置（地址），list 指定要输入到内存的连续字节中的数据。如在 0200 起始的单元中输入 0F 1D 20，方法是：

-e 0200  0f 1d 20

如图 5-8 所示。

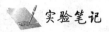实验笔记

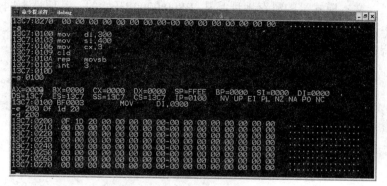

图 5-8　指定内存单元输入数据串

**7. 填充命令 F**

功能：把指定的值填充到指定内存区域中。

格式：f range list

range 指定要填充内存区域的起始和结束地址，或起始地址和长度。list 指定要输入的数据列表，当列表数据不足时，重复列表。如键入：

-f 210 l100 aa bb cc

将 aa bb cc 填充到从 210 开始的 100H 个存储单元中（十进制 256 个单元），如图 5-9 所示。

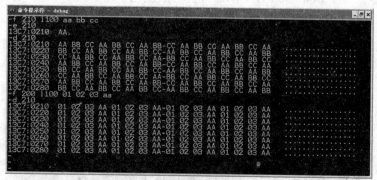

图 5-9　数据填充操作 F 命令

应用实例：检测 LCD 显示器的坏点。

为了检测 LCD 屏幕是否存在坏点，可以将整个屏幕填充为红、

> **实验笔记**

绿、蓝、白等纯色,以便检查。下面给出几个常用的显示屏检测 F 命令(Debug 窗口一般较小,按 Alt+Enter 将它放大到整个屏幕):

文本模式下的显存地址是从 B800:0000 开始的,其属性高四位中,位 7(最高位)为 1 表示闪烁,为 0 表示不闪烁,其他三位表示背景色。低四位是表示前景色,也就是字符颜色。

位 6 5 4
0 0 0 黑色
0 0 1 蓝色
0 1 0 绿色
0 1 1 青色
1 0 0 红色
1 0 1 洋红
1 1 0 棕色
1 1 1 白色

如不闪烁,红色背景为 40,白色背景为 70,绿色背景为 20 等,
  F B800:00 F9F 20 70  全屏白色
  F B800:00 F9F 20 40  全屏红色
  F B800:00 F9F 20 20  全屏绿色
  F B800:00 F9F 20 10  全屏蓝色
  F B800:00 F9F 20 71  白色背景,蓝色字体
  F B800:00 F9F 20 43  红色背景蓝色字体

如-F B800:00 F9F 20 40,回车后显示如图 5-10 所示。

图 5-10  屏幕显示全红[①]

---

① 因印刷限制,无法显示红色,可在实际操作中看到。

## 实验 5 指令系统实验

### 8. 运行命令 G

功能：执行当前在内存中的程序。

格式：g [=address] [breakpoints]

address 指定当前在内存中要开始执行的程序地址。如果不指定 address，Windows 将从 CS:IP 寄存器（指令计数器）中的当前地址开始执行程序。

例：在 0200 开始的存储单元中存入 "Hi" 的 ASCII 码 48 69，以及结束码 0A 0D 24（0A 是 Shift+Enter，0D 是回车符，24 是$）。INT 21 是 BIOS 功能调用，当 ah=09h 时，显示段寄存器开始的数据，直到出现结束符。当 ax=4C00 时，int 21 退出 DOS。

```
-e 0200 48 69 0A 0D 24
-a
        mov dx,0200
        mov ah,09h
        int 21H
        mov ax, 4C00h
        int   21h
```

如图 5-11 所示。

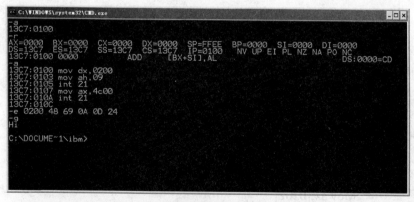

图 5-11 运行程序 g 命令

### 9. 跟踪命令 T（Trace）

T 命令也称为单步命令，每执行一条指令就显示运行结果，使程序员可以细致地观察程序的执行情况。

### 实验笔记

T [=地址] ；逐条指令跟踪
T [=地址] [数值] ；多条指令跟踪

从指定地址起执行一条或数值参数指定条数的指令后停下来，每条指令执行后都要显示所有寄存器和标志位的值以及下一条指令。如未指定地址则从当前的 CS：IP 开始执行。注意给出的执行地址前有一个等号，否则会被认为是被跟踪指令的条数（数值）。

**10. 汇编程序命名命令 N**

功能：把正在调试的程序命名。

格式：-N 文件名.COM

**11. 写盘命令 W**

功能：把正在调试的内存中程序写入磁盘中。

格式：-W 〈地址〉↙（文件开始地址）

**12. 装入命令 L（Load）**

功能：将磁盘中的文件或扇区内容装载到主存中。

格式：L [地址] ；格式1：装入由 N 命令指定的文件

**13. 退出 Debug 命令 Q**

功能：退出 Debug 状态。

格式：用 Q 命令：-Q

### 5.3.2 Debug 实例

例：用 Debug 调试运行比较 3 个数大小程序，最大的数存在 max 单元。假设三个数分别存放在内存 200，201，202 单元，max 是 203 单元。其汇编程序如下：

```
Mov ax,[0200]
JNZ 0111
Mov ax,[0201]
JNZ 0111
Mov ax,[0202]
JNZ 0111
Jmp 0124
mov ax,[0200]
Cmp ax,[0201]
Jg 011c
```

Mov ax,[0201]
Cmp ax,[0202]
Jg 0124
Mov ax,[0202]
Mov [0203]，ax

结果存放在 203 单元。

操作步骤：

(1) 打开命令窗口，启动 Debug；

(2) 在 Debug 窗口输入汇编程序，-a 100，如图 5-12 所示，检查无误后可以运行该程序，方法是：

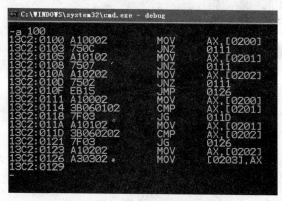

图 5-12 输入比较 3 数大小汇编程序

① 输入数据 10/20/15，e 0200 10 20 15
② 查看内存数据值，显示输入的数据，d 0200
③ 运行程序，g 100 126
④ 查看运行结果，最大 20 的数放在了 203 单元，d 0200

请自己输入上述步骤查看结果。

## 5.4 汇编集成开发环境 RadASM

RadASM 是汇编语言集成编辑工具，它集编辑、调试、仿真为一体，使用起来十分灵活方便。

进入 RadASM 环境进行项目汇编的方法如下：

在"文件"菜单选择"新建项目"，编译器选择 masm，项目类型

**实验笔记** 选择 Dos App（即 DOS 应用程序），单击项目文件夹的按钮到指定地址，如 D:\，注意文件夹不能有中文，也不能有空格，项目名称是自己起的名字，这里是"MyAsm"。如图 5-13 所示。

图 5-13 建立汇编程序项目

项目模板选择 DosExe.tpl，生成标准 DOS 汇编程序的 Asm 文件。如图 5-14 所示。

图 5-14 汇编程序模板选择

在创建文件对话框中，选择创建 Asm 文件，即汇编源文件。同时创建 Bak 目录，可以保存编辑的历史。如图 5-15 所示。

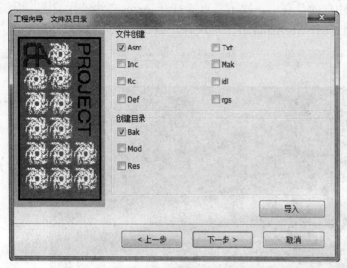

图 5-15 创建文件和目录

构建对话框保持默认，即选择编译、连接、构建、构建并运行、运行和在调试器中运行，单击"完成"按钮，如图 5-16 所示。

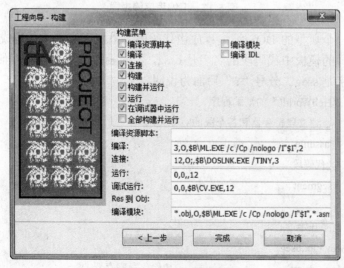

图 5-16 构建运行环境

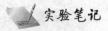实验笔记　　　单击完成之后，新建项目向导将新建一个文件夹"D:\MyAsm"，并在该文件夹下生成一个汇编源文件 MyAsm.Asm 和项目文件 MyAsm.rap，需要注意的是我们下次不能直接打开 Asm 文件进行编译，而需要打开项目文件 MyAsm.rap 才能编译。编辑器界面如图 5-17 所示。

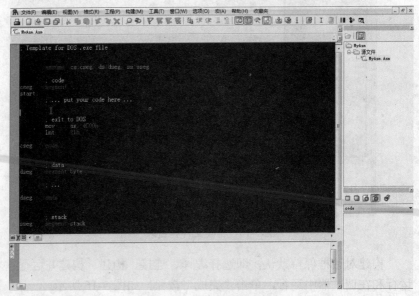

图 5-17　汇编程序编辑器

一个典型的 DOS 汇编程序由代码段、数据段和堆栈段构成，我们选择的模板中代码段的名字是 cseg，数据段的名字是 dseg，堆栈段的名字是 sseg。分号";"后面为说明。

;输出"HellWorld!"的汇编程序
　　　　;建立段寄存器和各个段的对应关系
　　　　assume　cs:cseg, ds:dseg, ss:sseg
　　　　;代码段
cseg　　segment
start:
　　　　;程序开始
　　　　Mov　ax,dseg
　　　　Mov　ds,ax　　　　　　　　　　　　;初始化段寄存器 DS
　　　　Mov　dx,offset data1　　　　　　　;将字符串的地址偏移放入 DX 寄存器

```
        Mov    ah,09H              ;09H 用于输出字符串
        Int            21H         ;中断调用显示字符串
                                   ;退出程序，返回 DOS
        mov    ax, 4C00h
        int            21h

cseg    ends
                                ；数据段
dseg    segment byte
                         ;定义字节变量 data1，INT 21 时，AH=09H 要求字符
                          串以"$"结束
        data1 db "Hello World!",0AH,0DH,'$'
dseg    ends
        ；堆栈段
sseg    segment stack
            db      100h    dup(?)
sseg    ends
end start
```

编译程序，选择"构建"菜单→"编译"（见图 5-18），或者按 F5 键，就可以编译 MyAsm.asm 源程序，在 D:\MyAsm 目录下生成目标文件"MyAsm.obj"。

图 5-18 编译汇编程序子菜单

连接生成可执行文件，选择"构建"菜单→"连接"（见图 5-19），或者用 Alt+Ctrl+F5 组合键，就可以将目标文件连接成可执行文件，在 D:\MyAsm 目录下生成可执行文件 MyAsm.exe。

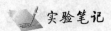 实验笔记

图 5-19 连接编译后的程序

用汇编语言编写的程序经过编译、连接后生成的目标程序不能直接在 Windows 控制台（即 cmd）运行，那样将得不到输出。需要转到 DOS（见图 5-20），然后在 DOS 命令行输入可执行文件的文件名，我们这里是 MyAsm.exe。如果进入命令提示符环境是运行 COMMAND 命令的，则可以直接运行。如果不清楚可执行文件的名称，可以用 dir 命令查看目录下的文件，如图 5-21 所示。

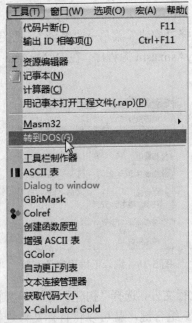

图 5-20 打开 DOS 环境命令提示符窗口

实验 5　指令系统实验　91

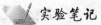 实验笔记

图 5-21　用 DOS 命令 dir 查看目录下的文件

调试程序：在调试器中运行编写的汇编程序，如图 5-22 所示。

图 5-22　运行调试汇编程序

调试程序步骤如下，可以选择 Run 菜单下的 Go 运行程序和 Step 单步调试程序。选择 Window 菜单下的 View Output 查看输出（转到输出窗口），查看窗口如图 5-23 所示。Window 菜单下还有许多可以选择的查看窗口。

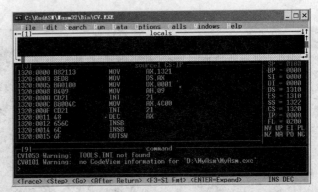

图 5-23 运行查看窗口

例：使用 RadAsm 工具编写 3 数比较大小程序。

设计步骤如下：

（1）启动 RadAsm，建立项目，设置环境。

（2）输入汇编程序，如图 5-24 所示。

（3）编译，连接，然后在调试器中运行，打开寄存器查看运行状态，如图 5-25 所示。

（4）单步执行，按 F10 键或单击 Step 按钮，查看寄存器的变化。

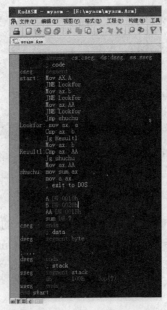

图 5-24 输入比较大小汇编程序

实验 5 指令系统实验

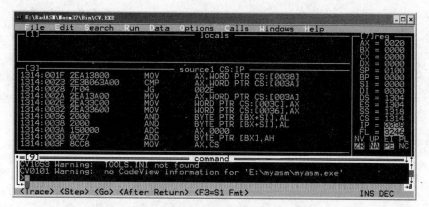

图 5-25 汇编调试器

作业：用 8086 汇编语言编写计算 n! 程序，并在 RadAsm 中运行。

# 实验 6

## 微程序操作控制器设计

实验笔记

本实验是计算机微程序控制器的设计，这里的控制器是一个通用控制器，该控制器是单指令流单数据流控制器，其核心包括指令译码器（由 ROM 构成），也称为微程序控制存储器，寄存器（指令寄存器 IR，程序计数器 PC，数据地址寄存器 AR，通用寄存器 R，状态字寄存器 PSW）。控制器提供控制总线，指令译码，地址输出。使用时，需要按指令和指令节拍给 ROM 写入控制字。

## 6.1 实验题目

微程序控制器设计。

## 6.2 实验内容

设计一个由 ROM 存储器（控制存储器）、地址发生器（节拍发生器）、指令寄存器 IR，程序计数器 PC、数据地址寄存器 AR、通用寄存器 R 和状态字寄存器 PSW 构成的控制器，保证不同指令、不同节拍产生不同的控制输出。其中，程序计数器 PC 使用实验 4 提供的计数器，其他寄存器使用实验 3 设计的寄存器。控制器可以执行给定的 4 条指令。本实验给定的 4 条指令为：

MOV　　Rt，Rs　　　；把寄存器 Rs 的内容送到寄存器 Rt 中
LDA　　Rt，XXXX　　；把存储器 XXXX 单元的内容送到寄存

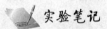

```
                        器 Rt 中
ADD    Rt，Rs       ；Rt+Rs 结果送到 Rt 中
JMP    XXXX         ；程序转移到 XXXX 地址的程序执行
```

任何计算机指令系统，必须包含传送指令（内部传送和输入输出指令）、算术逻辑运算指令、程序控制指令（转移指令）。

## 6.3 实验目的与要求

本实验通过微程序控制器的设计使学生进一步理解计算机的核心部件控制器的工作原理、指令周期、节拍，明确指令和控制总线的关系，以及 CPU 的工作过程。控制器结构图见图 6-1（真实结构图中不包括程序存储器，这里是为了原理清晰而加的）。

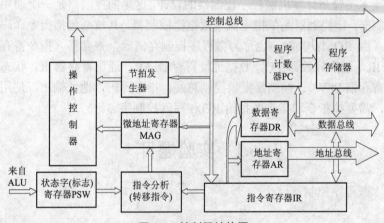

图 6-1 控制器结构图

## 6.4 实验步骤

### 6.4.1 指令节拍分析

首先分析每条指令的执行过程。指令作为程序（程序是指能够完成规定任务的指令集）存储在计算机存储器中，存储器中存储了大量指令，指令一般是按顺序依次执行，要执行的指令需要从存储器中提取到指令寄存器 IR，不同指令的任务不同，所以要分析该指令做什么，清

## 实验 6 微程序操作控制器设计

楚了指令的任务后,通过控制器控制各部件工作,完成任务,即执行指令。具体过程如图 6-2 所示。一般微机指令执行分为两个阶段,取指阶段和执行阶段,对于复杂指令才有指令分析阶段,如条件转移指令。

图 6-2 指令的执行过程

指令执行动作节拍和控制信号分析。

1. MOV  Rt,Rs  ;

作用:把源寄存器 Rs 的内容送到目的寄存器 Rt 中。

先来分析取指的详细过程,包含的节拍和控制信号,取指周期是公共的,以后其他指令直接引用即可。

(1) 取指周期

① 程序计数器 PC 内容送地址总线(控制信号为输出使能 OEpc=1),程序存储器输出启动(程序存储器输出使能 OE=1),把指令送入数据总线;如果程序存储器有专用地址总线,即不与其他部件共享地址总线,则不需要程序计数器输出使能 OEpc。本控制器有专用地址线。

② 指令装入指令寄存器 IR,指令寄存器输入使能 EN=1。

③ 程序计数器 PC 加 1(PC 加一控制端 Cp=1),指示下一条指令地址;指令寄存器 IR 禁止输入 EN=0。(注:如果指令占用多个字节,则重复①②③动作,直到取出全部指令码。)

④ 指令寄存器 IR 的操作码(微地址)送入指令分析器译码/微地址寄存器 MAR(操作码部分输出,IOE=1,MAR 的输入使能 EN=1)。至此,取指周期结束(clr=1)。

(2) 执行周期

① 操作控制器控制指令寄存器 IR 的操作数部分送出(控制信号 NOE=1)源寄存器地址给地址寄存器 AR(AR 输入使能 EN=1);

② Rs 寄存器输出,输入/输出使能 IO=0(IO=1 输入,IO=0 输出),寄存器片选 CS=1,数据寄存器 DR 输入数据(EN=1);

③ 操作控制器控制指令寄存器 IR 的操作数部分送出目标寄存器地址(OE=1)给地址寄存器 AR,AR 输入使能 EN=1;

④ Rt 寄存器输入,寄存器输入/输出使能 IO=1,片选 CS=1,数据寄存器 DR 输出数据(OE=1);

⑤ 指令执行完毕，节拍发生器和微地址寄存器归零，准备取指（fetch=1）。

2. LDA Rt，XX ;

作用：把存储器 XX 单元的内容送到寄存器 Rt 中。

（1）取指周期

执行过程与 "MOV Rt, Rs" 下的过程相同。

（2）执行周期

① 操作控制器控制指令寄存器 IR 的操作数部分送出直接地址码（NOE=1）到地址寄存器 AR（地址寄存器 AR 输入使能 EN=1）；

② 地址寄存器 AR 输出数据单元地址（OE=1），数据存储器输出数据，使能 WREN=0（1 输入，0 输出）和数据存储器片选 CS=1，数据寄存器 DR 输入数据（EN=1）；

③ 操作控制器控制指令寄存器 IR 的操作数部分送出目标寄存器地址（OE=1）给地址寄存器 AR（AR 输入使能 EN=1）；

④ 寄存器组输入数据，CS=1，EN=1，数据寄存器 DR 输出数据（OE=1）；

⑤ 指令执行完毕，节拍发生器和微地址寄存器归零，准备取指（fetch=1）。

3. ADD Rt，Rs ;

作用：Rt+Rs 结果送到 Rt 中。

（1）取指周期

执行过程与 "MOV Rt, Rs" 下的过程相同。

（2）执行周期

① 操作控制器控制指令寄存器 IR 的操作数部分送出（NOE=1）源寄存器地址给地址寄存器 AR（AR 输入使能 EN=1）；

② Rs 寄存器输出，寄存器组输入/输出使能 IO=0（IO=1 输入，IO=0 输出），片选 CS=1，运算器 B 数据缓存器输入数据（BEN = 1）；

③ 操作控制器控制指令寄存器 IR 的操作数部分送出（OE=1）目标寄存器地址给地址寄存器 AR（AR 输入使能 EN=1）；

④ Rt 寄存器输出，寄存器输入/输出使能 IO=0（IO=1 输入，IO=0 输出），片选 CS=1，运算器 A 数据缓存器输入数据（AEN=1）；操作控制器控制运算器作相加运算（运算控制输出加法信号，如 sub=0）；

⑤ 运算器输出运算结果，ALU 的 OE=1，Rt 寄存器输入，寄存器组输入/输出使能 IO=1（IO=1 输入，IO=0 输出），片选 CS=1；

⑥ 指令执行完毕，节拍发生器和微地址寄存器归零，准备取指（fetch=1）。

4. JMP XXXX ；

作用：程序转移到 XXXX 地址的程序执行。

（1）取指周期

执行过程与"MOV Rt, Rs"下的过程相同。

（2）执行周期

① 下一条指令地址给程序计数器 PC，操作控制器控制指令寄存器 IR 的操作数部分送出（NOE=OE=1）下一条指令地址给数据寄存器 DR（EN=1）；

② 数据寄存器 DR 输出下一条指令地址（OE=1）给程序计数器 PC（PC 输入使能 ENpc=1）；

③ 指令执行完毕，节拍发生器和微地址寄存器归零，准备取指（fetch=1）。

5. JZ XXXX ；

作用：标志 Zf=1，程序转移到 XXXX 地址的程序执行；比较两个数是否相同。

6. JS XXXX ；

作用：标志 Nf=1，程序转移到 XXXX 地址的程序执行；比较两个数大小，为负转移。

（1）取指周期

执行过程与"MOV Rt, Rs"下的过程相同。

（2）执行周期

如果不满足转移条件，顺序执行，否则：

① 下一条指令地址给程序计数器 PC，操作控制器控制指令寄存器 IR 的操作数部分送出（NOE=OE=1）下一条指令地址给数据寄存器 DR（EN=1）；

② 数据寄存器 DR 输出下一条指令地址（OE=1）给程序计数器 PC（PC 输入使能 ENpc=1）；

③ 指令执行完毕，节拍发生器和微地址寄存器归零，准备取指（fetch=1）。

大家注意到，条件转移和无条件跳转执行完全相同，其差别在指令分析阶段处理。

指令执行过程控制信号列表见表 6-1。

## 表 6-1  指令执行过程控制信号列表

| 指令 | 地址代码 | 节拍 | \_\_ | PC | 程序存储器 | IR | \_ | AR | \_ | \_ | DR | \_ | 节拍 | \_ | \_ | 微地址 | \_ | \_ | 寄存器组 | \_ | 数据存储器 | ALU | \_ | \_ | 运算类型 | | | | | | | 控制码 |
|---|---|---|---|---|---|---|---|---|---|---|---|---|---|---|---|---|---|---|---|---|---|---|---|---|---|---|---|---|---|---|---|---|
| 引脚 | | | 31 | 30 | 29 | 28 | 27 | 26 | 25 | 24 | 23 | 22 | 21 | 20 | 19 | 18 | 17 | 16 | 15 | 14 | 13 | 12 | 11 | 10 | 9 | 8 | 7 | 6 | 5 | 4 | 3 | 2 | 1 |
| | | | Cp | EN | OE | EN | OE | EN | IOE | NOE | OE | EN | OE | EN | OE | clr | EN | fetch | CS | IO | CS | AEN | BEN | OE | 运算类型 | | | | | | | |
| **Mov Rt, Rs** | 00001xxx | | | | | | | | | | | | | | | | | | | | | | | | | | | | | | | |
| 取指周期 | 00000000 | 1 | | 1 | | 1 | 1 | | | | | | | | | | | | | | | | | | | | | | | | | | 28000000 |
| | 00000001 | 2 | | | 1 | | 1 | 1 | | | | | | | | | | | | | | | | | | | | | | | | | 2C000000 |
| | 00000010 | 3 | 1 | | | | | | | | | | | | | | | | | | | | | | | | | | | | | | 80000000 |
| 取指结束 | 00000011 | 4 | | | | | | 1 | | | | | | | | 1 | 1 | | | | | | | | | | | | | | | | 02060000 |
| 执行周期 | | | | | | | | | | | | | | | | | | | | | | | | | | | | | | | | | |
| 操作数1<br>地址送地址<br>寄存器 AR | 00001000 | 1 | | | | | | 1 | 1 | | | | | | | | | | | | | | | | | | | | | | | | 01400000 |
| 寄存器<br>值送数据<br>寄存器 DR | 00001001 | 2 | | | | | | | | | 1 | 1 | | | | | | | 1 | 0 | | | | | | | | | | | | | 00308000 |
| 操作数2<br>地址送地址<br>寄存器 AR | 00001010 | 3 | | | | | | | 1 | 1 | | | | | | | | | | | | | | | | | | | | | | | 00C00000 |
| 数据寄存器<br>内容送<br>寄存器组 | 00001011 | 4 | | | | | | | | | 1 | | | | | | | | 1 | 1 | | | | | | | | | | | | | 0028C000 |
| 指令结束 | 00001100 | 5 | | | | | | | | | | | | | | 1 | 1 | | | | | | | | | | | | | | | | 00050000 |
| **LDA R，XX** | 00010xxx | | | | | | | | | | | | | | | | | | | | | | | | | | | | | | | | |
| 操作数1<br>地址送地址<br>寄存器 AR | 00010000 | 1 | | | | | | 1 | 1 | | | | | | | | | | | | | | | | | | | | | | | | 01400000 |
| 数据存储器<br>内容数据<br>寄存器 | 00010001 | 2 | | | | | | | 1 | 1 | | | | | | | | | | | 0 | 1 | | | | | | | | | | | 00301000 |
| 操作数地<br>址2送地址<br>寄存器 AR | 00010010 | 3 | | | | | | | 1 | 1 | | | | | | | | | | | | | | | | | | | | | | | 00C00000 |
| 数据寄存器<br>内容送<br>寄存器组 | 00010011 | 4 | | | | | | | 1 | | 1 | | | | | | | | 1 | 1 | | | | | | | | | | | | | 0028C000 |
| 指令结束 | 00010100 | 5 | | | | | | | | | | | | | | 1 | 1 | | | | | | | | | | | | | | | | 00050000 |
| **ADD Rt, Rs** | 00011xxx | | | | | | | | | | | | | | | | | | | | | | | | | | | | | | | | |
| 源操作数<br>地址送地址<br>寄存器 | 00011000 | 1 | | | | | | 1 | 1 | | | | | | | | | | | | | | | | | | | | | | | | 01400000 |
| 源寄存器<br>数据送<br>alu B<br>缓存器 | 00011001 | 2 | | | | | | | | | | 1 | | | | | | | 1 | 0 | | | 1 | | | | | | | | | | 00208400 |
| 目标操作数<br>地址2送<br>地址寄存器 | 00011010 | 3 | | | | | | 1 | 1 | | | | | | | | | | | | | | | | | | | | | | | | 00C00000 |

续表

| 指令 | 地址代码 | 节拍 | PC | 程序存储器 | IR | AR | DR | 节拍 | 微地址 | 寄存器组 | 数据存储器 | ALU | | | | | 控制码 |
|---|---|---|---|---|---|---|---|---|---|---|---|---|---|---|---|---|---|
| 目标寄存器数据送alu A缓存器,加 | 00011011 | 4 | | | | 1 | | | 1 | 0 | | 1 | | 0 | 0 | | 00208800 |
| ALU结果送数据寄存器 | 00011100 | 5 | | | | | 1 | | | | | 1 | | 0 | 0 | | 00100200 |
| ALU结果送目标寄存器 | 00011101 | 6 | | | | 1 | 1 | | | 1 | 1 | | | | | | 0028C000 |
| 指令结束 | 00011110 | 7 | | | | | | | 1 | 1 | | | | | | | 00050000 |
| JMP XXXX | 00100xxx | | | | | | | | | | | | | | | | |
| 转移地址送数据寄存器 | 00100000 | 1 | | | | 1 | 1 | | 1 | | | | | | | | 01900000 |
| 指令地址送PC | 00100001 | 2 | 1 | | | | | | 1 | | | | | | | | 40800000 |
| 指令结束 | 00100010 | 3 | | | | | | | 1 | 1 | | | | | | | 00050000 |
| JZ XXXX | 00101xxx | | | | | | | | | | | | | | | | |
| 转移地址送数据寄存器 | 00101000 | 1 | | | | 1 | 1 | | 1 | | | | | | | | 01900000 |
| 指令地址送PC | 00101001 | 2 | 1 | | | | | | 1 | | | | | | | | 40800000 |
| 指令结束 | 00101010 | 3 | | | | | | | 1 | 1 | | | | | | | 00050000 |
| JS XXXX | 00110xxx | | | | | | | | | | | | | | | | |
| 地址送数据寄存器 | 00110000 | 1 | | | | 1 | 1 | | 1 | | | | | | | | 01900000 |
| 指令地址送PC | 00110001 | 2 | 1 | | | | | | 1 | | | | | | | | 40800000 |
| 指令结束 | 00110010 | 3 | | | | | | | 1 | 1 | | | | | | | 00050000 |
| 地址转移 | 11111xxx | | | | | | | | | | | | | | | | |
| 地址送数据寄存器 | 11111000 | 1 | | | | 1 | 1 | | 1 | | | | | | | | 01900000 |
| 指令地址送PC | 11111001 | 2 | 1 | | | | | | 1 | | | | | | | | 40800000 |
| 指令结束 | 11111010 | 3 | | | | | | | 1 | 1 | | | | | | | 00050000 |

表中每一控制线对应控制器的一个输出引脚,在微程序控制器的存储单元中对应1位,取32个控制位。因此,微程序存储器宽度为32位。指令格式为16位,操作码5位,操作数2占3位,操作数1占8位。本指令系统仅作示范,存储器访问范围256。

指令格式:OC  操作数2,操作数1。

### 6.4.2 条件转移指令的实现

操作控制器在程序计数器控制下顺序执行指令，虽然绝对跳转 JMP 可以改变指令执行顺序，但也是按原计划执行的，因此，也可以当成顺序执行处理。如何处理条件转移指令，就像高级语言的 if 语句，汇编语言为：

JZ　XXXX；结果为零（相等）转移到 XXXX 单元指令执行

JS　XXXX；结果为负（小于）转移到 XXXX 单元指令执行

条件转移要复杂一些，控制器不能直接决定，需要看状态寄存器 PSW 内容后作出判断，如 JZ，只有在零标志位 Zf=1 时才发生跳转，而 JS 只有在负标志位 Nf=1 时发生跳转，跳转与绝对转移指令相同，即输出控制信号相同。否则，接着执行下一条指令的取指操作。指令分析就是设计一个电路来判断指令是否为条件转移指令，如果是且不满足跳转条件，则执行下一条指令（clr=fetch=1）。是否为条件转移指令可以用译码器来判断，如这里的 JZ 操作码为 00101，JS 操作码 00110，列出简化的真值表如表 6-2 所示。

表 6-2　　　　　　　　　简化的真值表

| I5 | I4 | I3 | I2 | I1 | Zf | Nf | $\overline{AT}$ |
|---|---|---|---|---|---|---|---|
| 0 | 0 | 1 | 0 | 1 | 1 | X | 1 |
| 0 | 0 | 1 | 1 | 0 | X | 1 | 1 |

逻辑表达式：$\overline{AT} = \overline{I5}\,\overline{I4}\,I3\,\overline{I2}\,I1\,Zf + \overline{I5}\,\overline{I4}\,I3\,I2\,\overline{I1}\,Nf$

$\overline{AT}$ 是地址转移控制信号，当 $\overline{AT}$=1 时，修改程序计数器 PC 值。Zf 和 Nf 对应标志寄存器 PSW 的标志位。实现电路如图 6-3 所示。

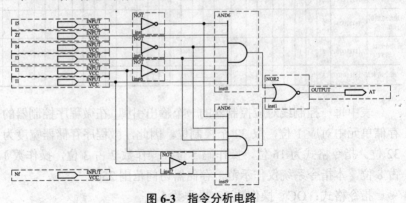

图 6-3　指令分析电路

### 6.4.3 设计操作控制器 OC

微程序操作控制器由节拍发生器（这里用地址发生器）、微地址寄存器、指令分析和控制存储器组成。地址发生器前章已经完成，这里，我们修改为三级，命名为 scounter_3，它可以产生 8 个节拍，虽然很多指令超过 8 个节拍，但把取指和执行分开后，对简单指令系统，8 个节拍就够了。

建立文件 OC.bdf，设计完成后如图 6-4 所示。图中 scounter_3 是地址发生器，这里作节拍发生器，连接到微程序存储器的低 3 位地址线；输入引脚 clr 是节拍复位，当指令节拍不是 2 的幂次方时，用来复位节拍发生器，复位是在时钟后半周期，且高电平有效；CLK 为时钟，I 是指令码操作码，也用作操作控制存储器的高位地址，指令码的位数由指令集的指令条数决定，4 位可以包含 16 条指令，5 位 32 条指令，6 位 64 条指令，7 位 128 条指令，8 位 256 条指令，这里取 5 位；fetch 是取指控制，和 clr 一起复位节拍发生器和微地址寄存器，同样在时钟后半周期且高电平有效；AT 转移控制通过 set 设置微地址到转移控制区，在时钟后半周期且低电平有效；CONTB 输出控制字（控制总线），contb[0]，contb[1]，…，contb[31]可以定义 32 条控制线，具体如何定义，由设计者决定，一旦确定，微控制存储器 ROM 中的控制字就要按此顺序编写。

操作控制器电路如图 6-4 操作控制器 OC 电路图所示。

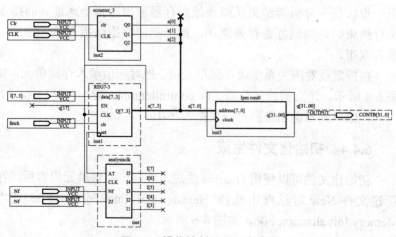

图 6-4 操作控制器 OC 电路图

 将其封装为模块，如图 6-5 所示。

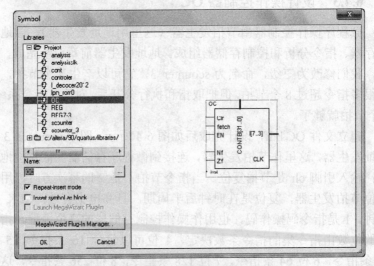

图 6-5　封装后的操作控制器 OC

操作控制器的关键是微程序存储器的设计。如设计一个具有上述 6 条指令的操作控制器 OC，如前所述，我们可以把指令执行过程分成两段，取指周期和执行周期。取指周期是公共的，也是每条指令执行的开始，本设计把它放在微指令存储器的 00000 000 地址，执行过程包括 4 节拍，但也需要占用 8 个存储单元，取指结束时，把操作码送到微地址寄存器（MAG 的 en=1，IR 的 IOE=1）和指令分析器，下一步按指令分析器结果从微地址寄存器输出微指令地址。而指令执行结束时，微地址寄存器清 0，地址指向取指微指令单元地址，准备取指。

按控制线对应关系生成存储单元值。把对应值填入存储单元，如图 6-8 所示，建立初始化数据文件 controller.mif，装入 ROM 中。

存储单元与输出管脚对应表见表 6-1。

### 6.4.4　初始化文件生成

初始化文件可以使用 Quartus 生成，在确定了每单元内容后，在新建文件 New 对话框中选择 Hexadecimal [Intel-Format] File 或者 Memory Initialization File，如图 6-6 所示。

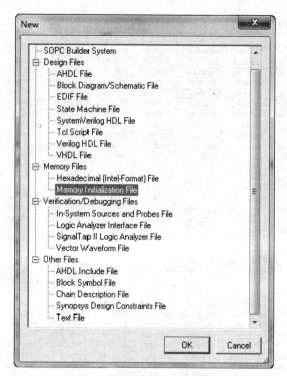

图 6-6 新建存储器初始化文件

存储器容量输入 256，字宽 32bits，如图 6-7 所示。确定后进入内容输入对话框，如图 6-8 所示。指令操作码对应 Addr 列，控制码对应行，无内容单元为 0。把控制信号列表值转化为十六进制值输入。全部输入后将初始化文件保存为 controller.mif。完成对 ROM 进行初始化。如果单元输入内容提示 Radix Unsigned Decimal，则通过 View 菜单设置，出现如图 6-9 Memery 单元输入格式设置所示选择 hexdecimal 格式，需要注意的是 ROM 输出高位在前，即控制码末位对应输出低位。

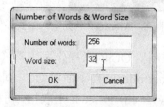

图 6-7 设置存储器容量和字宽

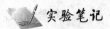 实验笔记

controller.mif

| Addr | +0 | +1 | +2 | +3 | +4 | +5 | +6 | +7 |
|---|---|---|---|---|---|---|---|---|
| 0 | 28000000 | 2C000000 | 80000000 | 02060000 | 00000000 | 00000000 | 00000000 | 00000000 |
| 8 | 01400000 | 00308000 | 00C00000 | 0028C000 | 00050000 | 00000000 | 00000000 | 00000000 |
| 16 | 01400000 | 00301000 | 00C00000 | 0028C000 | 00050000 | 00000000 | 00000000 | 00000000 |
| 24 | 01400000 | 00208400 | 00C00000 | 00208800 | 00100200 | 0028C000 | 00050000 | 00000000 |
| 32 | 01900000 | 40800000 | 00050000 | 00000000 | 00000000 | 00000000 | 00000000 | 00000000 |
| 40 | 00000000 | 00000000 | 00000000 | 00000000 | 00000000 | 00000000 | 00000000 | 00000000 |
| 48 | 00000000 | 00000000 | 00000000 | 00000000 | 00000000 | 00000000 | 00000000 | 00000000 |
| 56 | 00000000 | 00000000 | 00000000 | 00000000 | 00000000 | 00000000 | 00000000 | 00000000 |
| 64 | 00000000 | 00000000 | 00000000 | 00000000 | 00000000 | 00000000 | 00000000 | 00000000 |
| 72 | 00000000 | 00000000 | 00000000 | 00000000 | 00000000 | 00000000 | 00000000 | 00000000 |
| 80 | 00000000 | 00000000 | 00000000 | 00000000 | 00000000 | 00000000 | 00000000 | 00000000 |
| 88 | 00000000 | 00000000 | 00000000 | 00000000 | 00000000 | 00000000 | 00000000 | 00000000 |
| 96 | 00000000 | 00000000 | 00000000 | 00000000 | 00000000 | 00000000 | 00000000 | 00000000 |
| 104 | 00000000 | 00000000 | 00000000 | 00000000 | 00000000 | 00000000 | 00000000 | 00000000 |
| 112 | 00000000 | 00000000 | 00000000 | 00000000 | 00000000 | 00000000 | 00000000 | 00000000 |
| 120 | 00000000 | 00000000 | 00000000 | 00000000 | 00000000 | 00000000 | 00000000 | 00000000 |
| 128 | 00000000 | 00000000 | 00000000 | 00000000 | 00000000 | 00000000 | 00000000 | 00000000 |
| 136 | 00000000 | 00000000 | 00000000 | 00000000 | 00000000 | 00000000 | 00000000 | 00000000 |
| 144 | 00000000 | 00000000 | 00000000 | 00000000 | 00000000 | 00000000 | 00000000 | 00000000 |
| 152 | 00000000 | 00000000 | 00000000 | 00000000 | 00000000 | 00000000 | 00000000 | 00000000 |
| 160 | 00000000 | 00000000 | 00000000 | 00000000 | 00000000 | 00000000 | 00000000 | 00000000 |
| 168 | 00000000 | 00000000 | 00000000 | 00000000 | 00000000 | 00000000 | 00000000 | 00000000 |
| 176 | 00000000 | 00000000 | 00000000 | 00000000 | 00000000 | 00000000 | 00000000 | 00000000 |
| 184 | 00000000 | 00000000 | 00000000 | 00000000 | 00000000 | 00000000 | 00000000 | 00000000 |
| 192 | 00000000 | 00000000 | 00000000 | 00000000 | 00000000 | 00000000 | 00000000 | 00000000 |
| 200 | 00000000 | 00000000 | 00000000 | 00000000 | 00000000 | 00000000 | 00000000 | 00000000 |
| 208 | 00000000 | 00000000 | 00000000 | 00000000 | 00000000 | 00000000 | 00000000 | 00000000 |
| 216 | 00000000 | 00000000 | 00000000 | 00000000 | 00000000 | 00000000 | 00000000 | 00000000 |
| 224 | 00000000 | 00000000 | 00000000 | 00000000 | 00000000 | 00000000 | 00000000 | 00000000 |
| 232 | 00000000 | 00000000 | 00000000 | 00000000 | 00000000 | 00000000 | 00000000 | 00000000 |
| 240 | 00000000 | 00000000 | 00000000 | 00000000 | 00000000 | 00000000 | 00000000 | 00000000 |
| 248 | 01900000 | 40800000 | 00050000 | 00000000 | 00000000 | 00000000 | 00000000 | 00000000 |

图 6-8 初始化内容输入

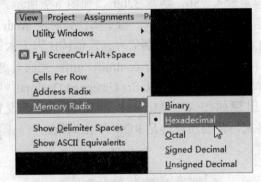

图 6-9 Memery 单元输入格式设置

重新生成操作控制器 OC 的微操作发生器（ROM），选择初始化文件为上面建立的 controller.mif。下面对 OC 的取指和加法进行仿真。建立仿真输入 fetch.wvf，clr=1，fetch=1 取指，仿真输入波形如图 6-10 所示。

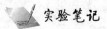

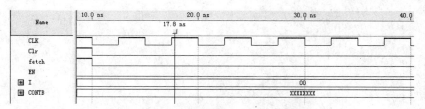

图 6-10 操作控制器取指仿真输入波形

仿真结果如图 6-11 所示，控制总线输出控制码与设计相符。

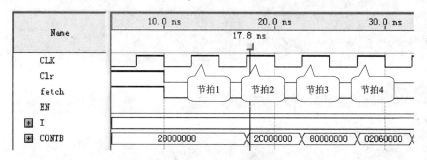

图 6-11 取指仿真结果

建立加指令 Add Rt，Rs 仿真输入波形 add.wvf，如图 6-12 所示，仿真结果如图 6-13 所示，输出控制满足设计要求。

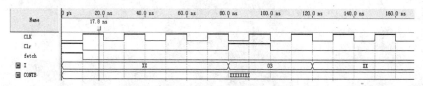

图 6-12 寄存器相加仿真输入波形

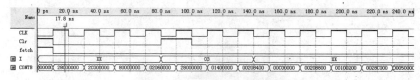

图 6-13 寄存器相加仿真结果

**作业**：设计一条传送指令加入控制器并仿真验证。

# 实验 7

## 操作系统和软件测量

实验笔记

操作系统是管理电脑硬件与软件资源的程序,是计算机系统的神经中枢,它控制计算机内其他程序的运行,管理分配系统资源,为用户提供操作界面,即人机接口。操作系统的主要功能是处理器管理、内存管理、设备管理和文件管理。管理的目的就是维护系统正常运行,提高系统工作效率。

进程和线程是处理器管理的基本内容,人们通过生产者与消费者问题,使我们了解了进程同步的概念,理解了信号量机制的原理,掌握运用信号量解决进程同步问题的方法,进而学会运用进程的同步与互斥解决生产者与消费者的冲突问题。这里就不再赘述,本实验主要使学生掌握在 Windows 操作系统中如何观测计算机性能,了解运行状况,学会 Linux 操作系统的使用等。

## 7.1 实验题目

操作系统(Windows 7 和 Linux)。

## 7.2 实验目的与要求

了解任务管理器的功能和作用,掌握通过任务管理器来控制系统工作状况。任务管理器的功能有如下方面:

(1)任务管理器显示计算机相关资源使用的信息;

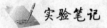 实验笔记

（2）显示并管理计算机上所运行的程序和进程；
（3）可以查看网络运行状态；
（4）可以管理用户登录状态；
（5）可以完成待机、休眠、关闭、重新启动、注销用户、切换用户的任务。

## 7.3 实验步骤

### 7.3.1 任务管理器

#### 7.3.1.1 启动任务管理器

方法 1：同时按下 Ctrl+Alt+Del 组合键，选择启动任务管理器，或者按 Ctrl+Shift+Esc 直接打开任务管理器，如图 7-1 所示。

图 7-1 任务管理器

方法 2：在任务栏的空白处单击鼠标右键，在弹出的菜单里选"启动任务管理器"，如图 7-2 所示。

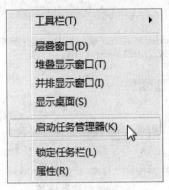

图 7-2 快捷菜单

方法 3：开始→运行→输入 taskmgr.exe，如图 7-3 所示。

图 7-3 运行任务管理器

#### 7.3.1.2 进程管理

1. 启动和结束进程

如果要结束进程 explorer，在任务管理器的"进程"选项卡中，找到 explorer.exe 进程，单击选中该进程，然后单击 结束进程(E) 按钮，explorer 进程被停止，观察桌面变化。

如果要启动进程 explorer，在任务管理器的"文件"菜单中打开"新建任务"，在"创建任务"对话框中键入 explorer.exe 进程，然后单击"确定"按钮，如图 7-4 所示，explorer 进程被启动，观察桌面变化。

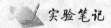

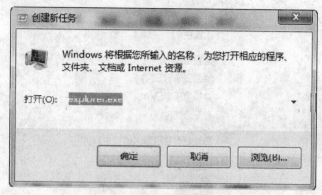

图 7-4　创建新任务

### 2. 设置进程优先级

在任务管理器的进程选项中，找到要设置优先级的进程，右击该进程，打开快捷菜单如图 7-5 所示，选择该进程优先级。

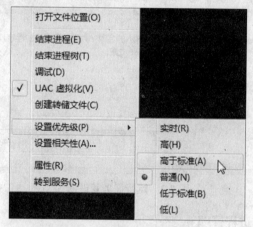

图 7-5　进程优先级设置

#### 7.3.1.3　性能管理

打开任务管理器的"性能"选项卡，显示当前 CPU 使用率，CPU 使用记录则表示每个核的运行情况，图 7-6 所示为双核 CPU。图中显示的曲线取决于"查看"菜单中所选择的"更新速度"设置值，"高"表示 2 次/每秒，"正常"表示 0.5 次/秒，"低"表示每四秒 1 次，"暂停"表示不自动更新。

正在使用内存是指已经分配的内存，包括已缓存和分配未用的部分；可用内存包括备用内存和空闲内存，是未使用虚拟内存前剩余的可分配物理内存；使用内存和和可用内存之和大于等于物理内存总数，当大于时说明使用了虚拟内存，物理内存和虚拟内存之和叫做认可内存。

系统进程和线程。狭义地讲，进程就是程序的执行过程。其定义是一个具有一定独立功能的程序关于某个数据集合的一次运行活动。它是操作系统动态执行的基本单元，在传统的操作系统中，进程既是基本的分配单元，也是基本的执行单元。线程是指进程内的一个执行单元，也是进程内的可调度实体，是处理器调度的基本单位。这里大家注意到 CPU 使用记录有两个，说明是双核 CPU。如果打开的应用程序（任务）不多，CPU 使用率很高，系统线程很多，则可能存在病毒或 CPU 性能不能满足要求了。

另外，可以通过资源监视器查看系统的运行情况，如图 7-7 所示。

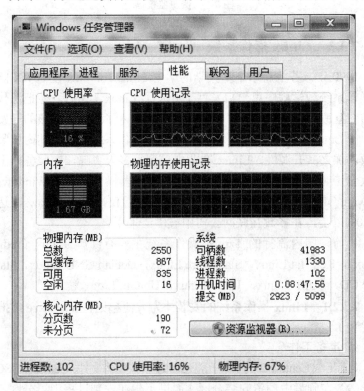

图 7-6　CPU 性能管理

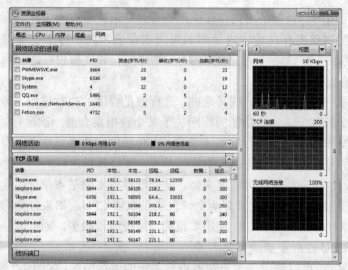

图 7-7 资源监视器

### 7.3.2 Linux 操作系统

1990 年，芬兰赫尔辛基大学的学生 Linus Torvalds 在 UNIX 的一个操作系统教学程序思想启发性下开发了 Linux，之后，他把源代码发布在互联网上，大批计算机爱好者随即加入了 Linux 内核的开发工作，使 Linux 得到快速发展，就像 UNIX 操作系统一样，其内核紧凑高效。加之其开源性，Linux 在业内受到很多人青睐，在服务器上得到大量应用。到目前为止，四大主流服务器操作系统：Windows、Netware、UNIX、Linux 中，Linux 用户数量仅次于 Windows，达到了 20%以上，在多数互联网公司中被广泛采用。

目前，国内流行的 Linux 操作系统主要有红旗 Linux（redflag Linux）、Red Hat Linux，Slackware Linux，Debian GNU/Linux，Stanix Live CD，SUSE Linux，Turbo Linux，Ubuntu Linux 等。

#### 7.3.2.1 Linux 操作系统的安装（为方便起见在 VMware 虚拟机中安装）

**1. 准备工作**

（1）下载 Centos6.2 的安装光盘（3 张盘）或镜像文件（Centos6.2.ISO）。

（2）在硬盘中预留安装分区（如果不想在安装过程中再分区，至少留 2 个分区给安装系统用，交换分区 swap 一般是内存的 2 倍，当内存很大时，选择 4GB 左右比较适合，文件系统格式不需要考虑。

（3）记录下电脑中下列设备型号：鼠标、键盘、显卡、网卡、显示器以及网络设置用到的 IP 地址、子网掩码、默认网关和 DNS 名称服务器地址等信息，以备不能自动安装时使用。

Centos6.2 目前主要是 64 位版本，文件 Centos-6.2-x86_64-bin-DVD2.iso，如图 7-8 所示。（如果物理机安装，需要刻录到光盘中）

图 7-8　Linux Centos6.2 安装文件

## 2. 安装

（1）单击图 7-8 中要安装的文件（物理机安装把制作的安装光盘插入光驱，BIOS 里面设置从光盘引导），安装界面如图 7-9 所示。

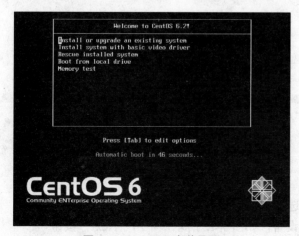

图 7-9　CentOS6 安装界面

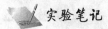

（2）引导成功之后，如图 7-10 所示，单击"Skip"跳过硬盘检查；

图 7-10　Linux 安装引导界面

（3）选择键盘类型为美国英语，如图 7-11 所示，单击"Next"按钮。

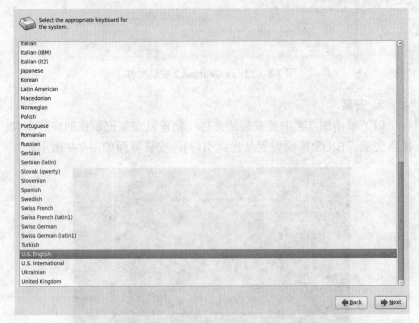

图 7-11　键盘类型选择

（4）选择存储类型，有基本存储设备和特殊存储设备，这里选择基本存储设备，如图 7-12 所示，单击"Next"按钮。

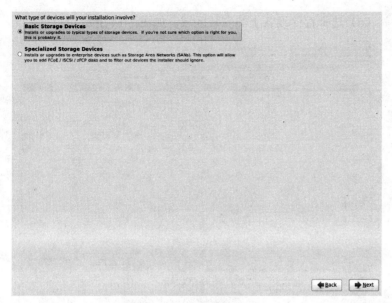

图 7-12 存储设备类型选择

（5）系统警告提示对安装设备的数据处理，选择"保留原数据"，如图 7-13 所示，单击"Next"按钮。

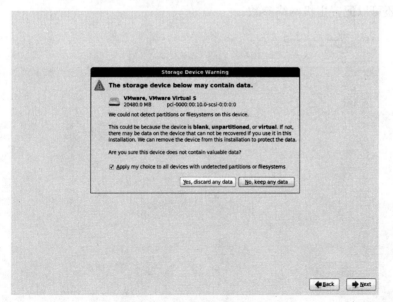

图 7-13 存储空间数据是否保留处理

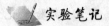

（6）选择存储设备上的安装区域，如图 7-14 所示。

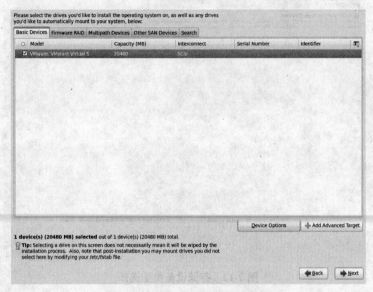

图 7-14　操作系统安装区域选择

（7）建立主机名（主机域名），如图 7-15 所示，如果是网络主机，还可以配置主机网络参数。

图 7-15　输入主机名

(8)设置根密码,即设置 root 的口令,如图 7-16 所示。该用户在系统中拥有至高无上的权利。root 是管理员用户,不同于 Windows 的 Administrator 用户,Windows 下的管理员用户的权限仅限于系统的内部,也就是说并不具有最高权力。而 Linux 系统下的管理员用户的权力是凌驾于系统之上的。root 用户可以干预系统的运行。此密码不仅要复杂,而且不能忘记。

实验笔记

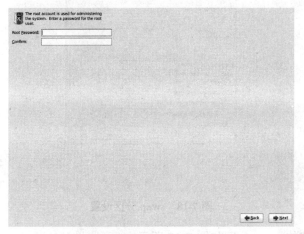

图 7-16　超级管理员 root 密码设置

(9)在安装设备上选择安装分区,如果没有 swap 分区,单击"Create"按钮,如图 7-17 所示。

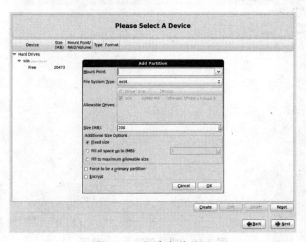

图 7-17　创建安装分区

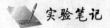**实验笔记**　　（10）文件系统类型选择 swap，空间设置为 4GB，固定空间，如图 7-18 所示，单击"OK"按钮。

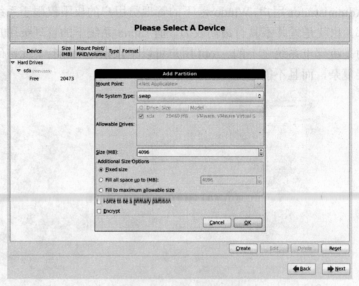

图 7-18　swap 分区设置

创建的 swap 分区如图 7-19 所示。

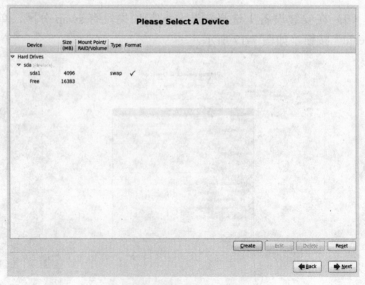

图 7-19　成功创建 swap 分区

（11）再次单击"Create"创建根目录，Linux 根目录标记是"/"，
打开下拉菜单，选择"/"，如图 7-20 所示。

图 7-20　创建 Linux 根目录

选择文件系统类型为"ext4"，相当于 fat16、fat32、NTFS，空间选项为"Full to maximum allowable size"，如图 7-21 所示，单击"OK"按钮。

图 7-21　根目录空间设置

**实验笔记**　（12）分区建好后,开始系统安装,引导盘路径选择默认值即可,如图 7-22 所示。

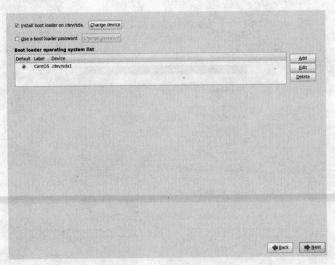

图 7-22　引导路径设置

（13）选择安装的系统类型,如图 7-23 所示,类型是指该主机打算干什么用,是作数据库服务器、web 服务器或开发工作站等,这里作开发工作站用。

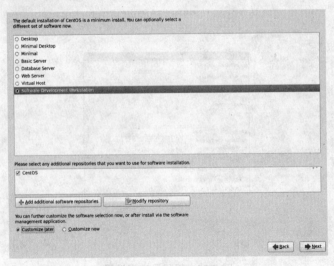

图 7-23　主机用途设置

单击"Next"按钮,系统开始安装,如图7-24所示。

图 7-24　安装 CentOS 系统

(14) 安装完成时,系统会提示重新引导系统。重新引导之后出现许可证界面,选择"同意",如图7-25所示。

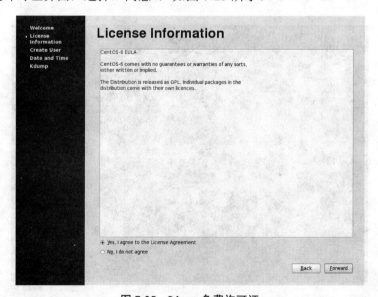

图 7-25　Linux 免费许可证

**实验笔记**　　（15）首次登录，需要创建新用户，这个用户不同于根用户 root，这是工作用户，如图 7-26 所示。

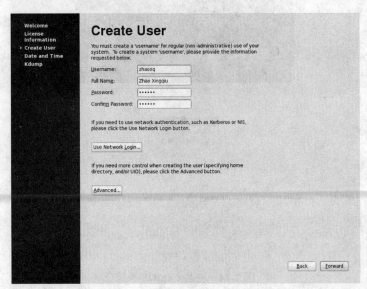

图 7-26　创建新用户

（16）完成时间等设置后，系统进入 Linux 桌面，如图 7-27 所示。

图 7-27　Linux 桌面

实验笔记

#### 7.3.2.2 Linux 操作系统的使用

（1）登录：Linux 是多用户多任务操作系统，每个用户都有自己的独立账号和密码，首次通过根账号登录后，可以设置其他用户。

（2）退出系统：键入 logout 或者 exit 之后，屏幕显示内容被清除，系统退出登录状态，相当于 Windows 的注销。

（3）关闭系统：shutdown 相当于 Windows 的关闭系统选项，包括：

Shutdown -r 时：分↵；　r 表示重新启动，当时间为 now 时，表示立即执行；

Shutdown -h 时：分↵；　h 表示 halt 关闭；

Shutdown -c↵；　取消按预定时间关闭系统；

reboot↵；　重启。

需要说明的是该操作只有管理员用户才能操作。

（4）使用虚拟控制台。

#### 7.3.2.3 常用的系统操作命令

在桌面空白处单击鼠标右键，在出现的快捷菜单中选择"open in terminal"，进入操作终端，如图 7-28 所示，在窗口中输入命令，普通用户登录提示符是#，根用户是$。

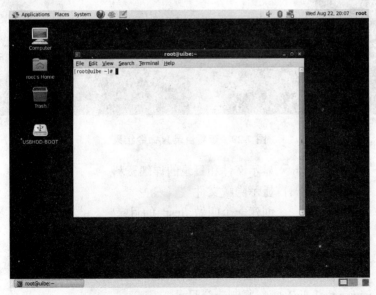

图 7-28　普通用户登录

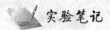 实验笔记

**1. 文件和目录**

cd /home↵　　　进入 '/home' 目录'
cd ..↵　　　　返回上一级目录
cd ../..↵　　　返回上两级目录
cd↵　　　　　进入个人的主目录
cd ~user1↵　　进入 user1 的主目录
cd -↵　　　　返回上次所在的目录
pwd↵　　　　显示工作路径
ls↵　　　　　查看目录中的文件（见图 7-29）

图 7-29　查看目录 ls 命令结果

ls -l↵　　　　　显示文件和目录的详细资料
ls -a↵　　　　　显示隐藏文件
mkdir test↵　　　创建一个叫做 'test' 的目录'
rmdir test↵　　　删除一个叫做 'test' 的目录'
rm -rf test↵　　　删除一个叫做 'test' 的目录并同时删除其内容
cp file1 file2↵　　复制一个文件 file1 命名为 file2
cp -a dir1 dir2↵　复制一个目录

touch -t 0712250000 file1↵　修改一个文件或目录的时间戳 - (YYMMDDhhmm)

实验笔记

### 2. 文件搜索

find / -name file1↵　　从 '/' 开始进入根文件系统搜索文件和目录
find / -user user1↵　　搜索属于用户 'user1' 的文件和目录
find /home/user1 -name \*.bin↵　在目录 '/home/user1' 中搜索带有'.bin' 结尾的文件

### 3. 挂载一个文件系统

mount /dev/hda2 /mnt/hda2↵　　挂载一个叫做 hda2 的盘 - 确定目录 '/ mnt/hda2' 已经存在

umount /dev/hda2↵　　卸载一个叫做 hda2 的盘 - 先从挂载点 '/ mnt/hda2' 退出

mount /dev/fd0 /mnt/floppy↵　　挂载一个软盘
mount /dev/cdrom /mnt/cdrom↵　　挂载一个 cdrom 或 dvdrom
mount /dev/hdc /mnt/cdrecorder↵　挂载一个 cdrw 或 dvdrom
mount /dev/sda1 /mnt/usbdisk↵　挂载一个 usb 捷盘或闪存设备

### 4. 磁盘空间

df -h↵　　显示已经挂载的分区列表
ls -lSr |more↵　　以尺寸大小排列文件和目录
du -sk * | sort -rn↵　以容量大小为依据依次显示文件和目录的大小
rpm -q -a --qf '%10{SIZE}t%{NAME}n' | sort -k1,1n↵　以大小为依据依次显示已安装的 rpm 包所使用的空间 (fedora, redhat 类系统)

### 5. 用户和群组

groupadd group_name↵　　创建一个新用户组
groupdel group_name↵　　删除一个用户组
useradd user1↵　　创建一个新用户
userdel -r user1↵　　删除一个用户 ('-r' 排除主目录)
passwd↵　　修改口令
passwd user1↵　　修改一个用户的口令 (只允许 root 执行)

### 7.3.3 程序执行时间测量

一个高质量的程序，不仅运行正确可靠，完成时间短也是非常重要的。如何测量程序的执行时间并不是一件简单事情，因为计算机并不同时执行一个程序，CPU 不停地从一个进程切换到另一个进程，每次测量时间不一定完全相同。

计算机记录程序执行时间有两种基本机制，一种基于低频计时器（timer），它会周期性中断处理器，通过间隔计数（interval counting）来测量时间，Linux 中的命令 time 就是用这种方法来测量命令的执行时间。time 会显示系统时间、用户时间及总时间，但系统时间加用户时间不一定等于总时间，因为处理器同时还会执行其他的进程，适合运行时间比较长的程序。

另一种基于计数器（counter），每个时钟周期计数器加 1。通过周期计数器来测量时间要求处理器包含一个运行在时钟周期级的计时器，可以通过机器指令来读这个计数器的值，以此来测量时间。

#### 1. 计时器测量

计时器测量的精确性较低，Linux 下进程运行时间函数 time

〉time prog↵

运行输出结果：

x.xxxu x.xxxsx: xx.xx    xx%

其中，x.xxxu 为用户时间，x.xxxs 为系统时间，后面是总时间和用户时间所占百分比。

具体步骤为：

（1）Linux 下编译 caltime.c

　　gcc -o caltime caltime.c

（2）运行 caltime 程序

　　./time caltime 10000

输出：x.xxxu x.xxxsx: xx.xx    xx%

caltime 是一个运行时间测量程序，能够输出运行时间，比较系统输出结果和程序自己测量结果。参数 10 000 可以给任意正数，输入 10 000 程序将会循环 10 000 次，并计算执行时间，输出结果如下：Time used: 0.619976 seconds。改变该数为 8 000，6 000，4 000，2 000，1 000 看输出结果。

## 2. 计数器测量

为了给计时测量提供更高的准确度，很多处理器还包含一个运行在时钟周期级别的计数器，它是一个特殊的寄存器，每个时钟周期它都会自动加 1。这个周期计数器是一个 64 位无符号数，问题是并不是每种处理器都有这样的寄存器，其次是即使有，实现机制也不一样，因此，此处从略，有兴趣的读者可以查阅相关资料。

**作业**：在 Linux 环境下练习挂载一个 U 盘，建立用户等命令。

# 参考文献

1. 姜咏江. PMC 计算机设计与应用. 北京：清华大学出版社，2008.
2. 白中英等. 计算机组织与体系结构. 第 4 版. 北京：清华大学出版社，2008.
3. 哈里斯等. 数字设计和计算机系统结构. 陈虎，译. 北京：机械工业出版社，2008.
4. 斯托林斯. 计算机组成与体系结构性能设计. 彭蔓蔓，吴强，任小西，等，译. 北京：机械工业出版社，2011.
5. 薛宏熙，胡秀珠. 数字逻辑设计. 北京：清华大学出版社，2008.
6. 布赖恩特，奥哈拉伦. 深入理解计算机系统 Computer Systems A Programmer's Perspective. 第 2 版. 北京：机械工业出版社，2011.
7. 吴继华，王诚. Altera FPGA/CPLD 设计（基础篇，高级篇）. 北京：人民邮电出版社，2005.
8. 罗杰. Verilog HDL 与数字 ASIC 设计基础. 武汉：华中科技大学出版社，2008.